阅己妈妈自然馆

大自然启蒙教育书系2

带孩子出游 常见小动物

阅己妈妈 主编

国内第一套真正原创的

"亲子·游玩·娱乐·科普"

读物！

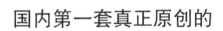

中国农业科学技术出版社

图书在版编目（CIP）数据

带孩子出游常见小动物 / 阅己妈妈主编 . — 北京：
中国农业科学技术出版社，2016.1
（大自然启蒙教育书系）
ISBN 978-7-5116-2149-8

Ⅰ . ①带… Ⅱ . ①阅… Ⅲ . ①动物 — 儿童读物
Ⅳ . ① Q95-49

中国版本图书馆 CIP 数据核字（2015）第 134910 号

责任编辑　张志花
责任校对　贾海霞
内文制作　韩　伟

出　版　者　中国农业科学技术出版社
　　　　　　北京市中关村南大街 12 号　　邮编：100081
电　　　话　（010）82106636（编辑室）
　　　　　　（010）82109702（发行部）
　　　　　　（010）82109709（读者服务部）
传　　　真　（010）82106631
网　　　址　http://www.castp.cn
经　销　者　各地新华书店
印　刷　厂　北京卡乐富印刷有限公司
开　　　本　740mm × 915mm　1/16
印　　　张　12
字　　　数　170 千字
版　　　次　2016 年 1 月第 1 版　2016 年 1 月第 1 次印刷
定　　　价　34.00 元

人物介绍

尚尚

聪明活泼的8岁男孩，爱冒险更爱刨根问底，是个充满爱心的小朋友。

佩佩

漂亮可爱的6岁女孩，有点儿胆小，但却不娇气，是全家人的开心果。

爷爷

和蔼的爷爷兴趣广泛。他认为最惬意的事就是坐在摇椅上看书，学会上网之后，喜欢坐在摇椅上用平板电脑浏览每天的新闻，尤其喜欢和孩子一起上网查找资料。

爸爸

幽默开朗的爸爸是孩子们的保护伞，他总是慢条斯理地为孩子解答各种稀奇古怪的问题，遇到答不上来的，他还会和孩子一起耐心地查找资料、寻找答案。

妈妈

热爱大自然的妈妈热衷于搜罗各种户外旅游资讯，特别擅长把在野外收集的各种素材进行整理和保存，被全家称为"百宝箱"。

奶奶

被全家称为"后勤总指挥"的奶奶负责全家的日常事务，她最喜欢在户外旅游时收集各种野菜种子，回家后在阳台开展"野菜培育计划"。

前 言

亲爱的爸爸妈妈们：

你们好！

和孩子一起亲近大自然是一件多么美妙的事情！呼吸呼吸户外的新鲜空气，看一看（视觉）郁郁葱葱的丛林，听一听（听觉）树上鸟儿的鸣叫声，闻一闻（嗅觉）野花的芬芳，尝一尝（味觉）野果的味道，摸一摸（触觉）湿润柔软的泥土……

孩子们正是通过五官感觉、认知周围的世界。当感觉器官得到充分刺激时，大脑各部分就会积极活跃，孩子就会更加聪明伶俐。

"妈妈，金银花为什么会有两种颜色？"

"爸爸，蜗牛爬过的地方为什么湿漉漉的？"

"妈妈，黄瓜明明是绿色的，为什么要叫'黄瓜'呢？"

"爸爸，快看，这种树皮像迷彩服，这是什么树啊？"

正在汲取知识养分的孩子们，对大自然充满了好奇，他们总会缠着爸爸妈妈没玩没了地问问题。让爸爸妈妈感到尴尬的是，很多问题做家长的也不一定知道 —— 大自然中动植物的奥秘真是太多了！

"宝贝，这个问题 —— 我也不知道！"当你这样回答他（她）的时候，你知道你的宝贝会多失望吗？

带孩子到大自然中去边玩边学，做孩子的大自然启蒙老师，不再对孩子提出的问题一问三不知 —— 这就是我们编写这套《大自然启蒙教育书系》的初衷。这套书系分《带孩子出游常见野花草》《带孩子出游常见小动物》《带孩子出游常见农作物》《带孩子出游常见树木》等几个分册。

现在快来瞧瞧，这本《带孩子出游常见小动物》中有哪些内容吧！

尚尚（佩佩）日记 →

尚尚（佩佩）对小动物的观察日记。和自己孩子的日记比一比谁写得好？好词好句可让孩子背下来，将来写作文的时候可以用到哦！

小小观察站 →

如何启发孩子细致的观察和思考？这里会有一些提示。

小动物充电站 →

如何深入浅出地向孩子讲述小动物知识？这里一定能帮到你。

小动物关键词 →

对小动物专业知识进行解释，让孩子了解最基础的专业知识。

小动物故事 →

关于小动物的民间传说和有趣故事，能增强孩子的阅读兴趣哦！

小动物游乐园 →

摸摸小动物，喂喂小动物，增强热爱小动物的情怀。

希望爸爸妈妈和每一位小读者都多多接触大自然，接触这些可爱的小动物，不仅要了解它们，更要爱护它们，观察后记得将它们放归大自然。如果爱它们，就让它们在大自然中自由自在地生活吧！

最后，感谢为本书编写付出努力的各位老师，他们是：水淼、余苗、丁群艳、华颖、赵铁梅、卢缨、武海、王晋菲、周亮、雷海岚、蒋淑峰、肖波、曹爱云、胡敏、汤元珍、尤红玲、刘芹、朱红梅、张永见、王红炜。

阅己妈妈编委会

目录

Part 2：常在家中"做客"的小动物

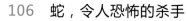

Part4: 依水而生的水边动物

Part 5: 本领各异的小动物明星

Part 1

庭院中的动物世界

"嗞嗞","知了,知了"……热闹的夏夜,是谁在野外演奏大自然协奏曲?半空中,谁在上演紧张激烈的捕猎追击?池塘里,水草间的大战谁主沉浮?

小动物们为了生存,各显身手,或拥有强大的口器,或弹跳力惊人,或能快速飞行,或能在水中高速行进……它们为植物传粉,为鸟兽提供食粮,为大自然清理垃圾,为人类提供研究对象。

蚂蚁，
怎么找到"回家"的路

别名：大力士

尚尚日记

　　我观察一只蚂蚁很久了，它跑了很多地方，走了很多"弯路"，最终拖着一块小面包屑匆匆回洞。有一个问题我一直不明白，那么多蚂蚁洞，它怎么就能找到自己的呢？

　　查找资料后我才明白，原来，蚂蚁在爬的时候可分泌出一种独特的气味——追踪素，相当于在路上留下了记号。找到食物之后，它们就沿着记号原路返回自己的家。当一只蚂蚁无法拖动食物时，它很快就会召集很多小伙伴一起来帮忙，共同把食物拖回洞中。别看蚂蚁那么小，它们的勤劳和互助的团队精神还真值得我们人类学习呢！

蚂蚁一般都没有翅膀，只有交配时的雄蚁和处于生育期的雌蚁才有翅膀。雌蚁交配后翅膀即脱落。

小小观察站

蚂蚁为什么要在下大雨之前搬家？下雨前为什么能看到很多聚集在一起的蚂蚁？

提示：下雨前，空气中的相对湿度增大，蚂蚁会感知到，为了保存辛勤找寻到的食物，它们会寻找一个更高的、湿度比较低的地方。

小动物充电站

小小的蚂蚁洞口里面隐藏着硕大的"蚂蚁宫殿"——蚁穴。蚁穴里面有许多小房间，蚁后的分室最大。蚁后的任务是吃东西和生宝宝，并且统管这个大家庭。在蚁后之下，有雄蚁、工蚁和兵蚁。雄蚁是蚂蚁宝宝的爸爸。工蚁负责建造和扩大巢穴、采集食物、饲喂宝宝和照顾蚁后。兵蚁的头很大，上颚发达，可以粉碎坚硬的食物，在保卫群体时也是战斗的武器。

据力学家测定，一只蚂蚁能举起超过自身体重400倍的东西，还能拖运超过自身体重1 700倍的物体。可以说蚂蚁是相对于自身体重来说力气最大的动物。

在透明的塑料容器里，使用凝胶模拟蚂蚁在土壤中的生态环境，这就是蚂蚁工坊玩具。

小动物游乐园

观察蚂蚁是一件非常有趣的事情，使用蚂蚁工坊玩具可以从各个角度清楚地看到蚂蚁互相交流、挖掘隧道等生活状况。

蚜虫，
蚂蚁的亲密伙伴

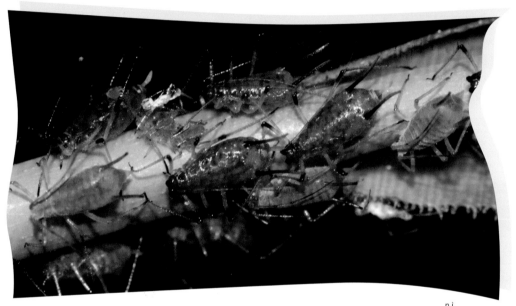

别名：腻虫、蜜虫

佩佩日记

　　阳台上的菊花开了，露出像龙爪一样的花瓣，真漂亮！可不知从什么时候起花秆上出现了密密麻麻的小凸点。仔细一看，那些绿褐色的小点点居然会爬动！原来是虫子！

　　爷爷说："那是蚜虫。用烟灰水就能杀死它们。"按照爷爷的吩咐，我把烟灰缸里盛满水，然后把泡烟蒂的水浇在菊花的根部。第二天早上我就急切地来到阳台上，果然，菊花上已经没有蚜虫了，真不可思议！爷爷说，那是因为烟蒂里含有残留的焦油，焦油有毒，所以可以杀死蚜虫！

▲

蚂蚁和蚜虫是亲密的伙伴，它们之间有和谐的"共生关系"。

小小观察站

观察被蚜虫侵害后的植株有什么变化。

树叶上怎么那么多小点点？

那是蚜虫，是树叶上的一种常见害虫，遭蚜虫侵害后，树叶都卷起来，并且慢慢变干了。

小动物充电站

　　蚜虫可以进行远程迁移。它们可以凭借轻巧的身体被风吹到其他地方去。它们吸食植物的汁液，不仅阻碍植株生长，而且造成花、叶、芽畸形，是大害虫。

　　蚜虫与蚂蚁有和谐有趣的"共生关系"。蚜虫带吸嘴的小口针能刺穿植株的表皮层，吸取养分，然后翘起腹部，分泌含有糖分的蜜露。这时候工蚁赶来，用大颚把蜜露刮下，吞到嘴里。蚂蚁为蚜虫提供保护，赶走天敌，双方就这样达成合作关系。是不是很有趣呢？

蚯蚓，
土壤改良专家

别名：地龙、曲蟮、地虫

佩佩日记

　　雨后，水泥路面上出现了两条蚯蚓。它们趴在那儿一动也不动。我知道它们是松土能手，便把它们带回家放在了花盆里，让它们给花松松土。果然，它们一见土就使劲往里钻，不一会儿就无影无踪了。

　　这时候爸爸却说："把蚯蚓放在花盆里，它们可能会帮倒忙哦！因为花盆里的土少，它们会吃花来维持生命。另外，蚯蚓会打洞，一浇水，水就顺着洞流走了，花儿喝不到水，很快就会枯萎。"听爸爸这么讲，我赶忙把它俩放归到了小区的绿地上，让它们回归大自然发挥作用吧。

小小观察站

蚯蚓是怎么行走的？为什么下雨后路上有好多蚯蚓？

为什么要叫"蚯蚓"呢？

因为它们在爬行的时候，先把身体向前伸，再把尾部向前移，所以有了这个名字。

这是蚯蚓粪便，小朋友外出游玩是不是常常见到呢？达尔文曾说"除了蚯蚓粪粒之外没有沃土"，可见这是富有营养的有机肥料呢！

小动物充电站

蚯蚓通过肌肉收缩和刚毛的配合向前移动。它们生活在土壤里，白天呼呼睡大觉，到了晚上才会出来。它们从来不挑食，除了吃植物的茎叶碎片之外，还喜欢吃畜禽粪便和有机废物垃圾。它们在土壤里的运动和排泄物对改善土壤质量都有很大的帮助。

下大雨后，我们会发现地面上有好多蚯蚓，有些已经死亡。那是因为下雨后大量的水渗到泥土中，空气被排挤出去，蚯蚓在地下很闷，所以就钻出泥土到地面上来呼吸。但是，蚯蚓又很怕光，到雨过天晴时，不少爬到地面上来呼吸的蚯蚓会来不及钻回土里而被晒死。

小动物游乐园

在雨后如果看到蚯蚓爬到路上，请拿起一根树枝轻轻地挑起它们，帮助它们回到草地上吧。那样，它们就能快速钻回土里，避免被太阳晒死了。

kuò yú
蛞蝓，
没有壳的"蜗牛"

别名：水蜒 蚰、鼻涕虫
yán yóu

尚尚日记

　　我在草丛中发现了一只黏乎乎、软绵绵的小动物。仔细看，像一只没有壳的蜗牛。爷爷说这是鼻涕虫，跟蜗牛是亲戚。它们经常在下水道、垃圾附近活动，虽然本身没有毒，但是容易沾一些脏东西四处传播。爷爷还告诉我，鼻涕虫最怕盐，只要用盐水泼在它身上，很快就一命呜呼了。不过它们虽然脏脏的，却是一种药材，能治毒虫咬伤。真是"虫不可貌相"呀！

小小观察站

蛞蝓为什么叫鼻涕虫？它们身上有什么特别的东西吗？

妈妈，这只蜗牛的壳不见了！好奇怪！

呵呵，这可不是蜗牛，而是蛞蝓。

小动物充电站

蛞蝓是一种软体动物，像没有壳的蜗牛。其实，在古代，蜗牛也被称为蛞蝓。它们有相似的特点，都分泌黏液，生活在潮湿的场所。蛞蝓怕光，强光下 2~3 小时即死亡。因此，它们夜间活动，从傍晚开始出动，晚上 10~11 时达到高峰，清晨之前又陆续潜入隐蔽处。它们耐饥力强，在食物缺乏或不良条件下能不吃不动。

小小的蛞蝓能够进行高难度的单杠动作哦！▶

蚁狮，
挖陷阱的捕猎能手

别名：土牛、金沙牛

佩佩日记

　　我们在山坡上发现了几个圆锥形的小土坑，越往下越小，底部尖尖的，坑壁很光滑，在小圆坑周围，还有一些零零碎碎的黑色躯壳碎片。爸爸一边说那是蚁狮挖的陷阱，一边用一根草梗伸到坑底轻轻一挑，竟然挑出一只蚁狮。它的身体是椭圆形的，小小的头颅顶端长有一对长而尖锐的颚钳。不用说，这对颚钳就是它用来捕获猎物的武器啦！小虫子一旦误入陷阱而挣扎，坑壁的沙土就会松动，小虫子就会滑到坑底。蚁狮就马上向俘虏体内注射一种消化酶，然后饱餐一顿。我们说话的时候，蚁狮趁机拔腿就跑，原来它是倒着走的，逗得我们哈哈大笑！

小小观察站

蚁狮为什么要挖坑？

这些小土坑是什么？里面有什么东西？

这些是蚁狮挖的陷阱，用来捕捉猎物的。

▲
蚁狮在沙质土中挖的漏斗状陷阱。

小动物充电站

蚁狮的外形像蜘蛛，有像镰刀一样的大颚。它的走路姿势很奇怪，是倒退着走的。

别看蚁狮长得笨头笨脑，其实它可聪明了，会像人类一样挖陷阱捕食。它在野外的沙地上挖出一个漏斗形的小沙坑，然后躲在坑底等待猎物。当猎物一不小心掉进了沙坑，就会被它用大牙紧紧夹住。当它们吸食完猎物的体液美餐一顿之后，还会清理"餐厅"，除了把空壳扔到坑外，还会重新整理好陷阱，等待下一顿大餐。

小动物游乐园

小朋友，当你发现蚁狮挖的陷阱后，捉一只小虫子放在它们的陷阱里，看看接下来会发生什么。

qú sōu
蠼螋，
昆虫界的爱心妈妈

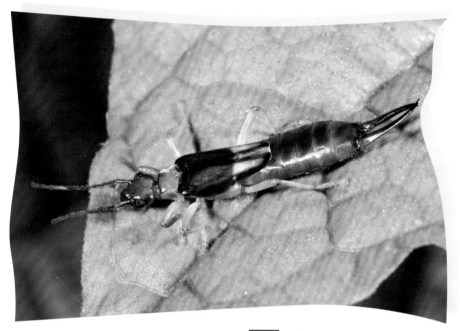

别名：夹板子、剪指甲虫、夹板虫

尚尚日记

　　我和爸爸在花丛中照相时，忽然发现了一只长条形的棕色昆虫。奇特的是，它的尾部有一个钳子，很尖利。我吓得马上尖叫起来，生怕被它的钳子攻击！

　　爸爸见状，笑着说："别怕，这是夹板虫。它虽然有让人害怕的尾钳，但不会随意攻击人。不信咱们试一试。"说着，爸爸用一根小树枝轻轻碰了碰它，只见它先是扬起夹子晃了晃，后来发现无法对抗这个东西后，干脆仰面朝天摔倒装死了，逗得我们哈哈大笑。很快，它以为我们没注意呢，悄悄溜掉了！

小小观察站

蠼螋尾部的夹子是什么形状的？有什么用处呢？

爸爸快看，这只虫子的屁股后面有个大夹子！

它叫蠼螋，也叫夹板虫！

小动物充电站

蠼螋生长在土壤中、落叶堆或岩石下，食性较杂。它们的腹部伸缩自如，身体后面的尾毛特化成的尾钳，像一个大夹子。雌性的尾钳是平直的，雄性的则是弯曲的。尾钳是它防御的有力武器。受到惊吓时，它会张开双钳示威，但如果遇到劲敌，它又会装死不动。

在昆虫世界里，蠼螋算得上是爱心妈妈，蠼螋妈妈会仔细地清理自己的卵并保护它们。待宝宝孵化后，妈妈会用自己的食料喂宝宝，有时还会捕捉小虫喂它们，直到宝宝长大一些后才离开。

小动物游乐园

xiè hòu
邂逅蠼螋时可以跟它开个玩笑，把它的尾钳插入泥土中，观察它自我保护的反应。它会以尾部为中心，身体不断画圆，很好玩。

初次看到蠼螋，小朋友可能会害怕被它夹到，或担心有毒。其实，它们遇到骚扰不仅不会主动攻击对方，还会装死，然后逃命。

gū gur

蛐蛐儿，
卖力的格斗士

xī shuài
别名：蟋蟀、促织

佩佩日记

　　为了挑选参加蛐蛐儿大赛的有力战将，我和爸爸晚上出动了。我们拿着手电筒，循着蛐蛐儿的叫声蹑手蹑脚地靠过去。通常，蛐蛐儿会藏在石缝里或者砖头下面。爸爸轻轻地揭开石头，一只蛐蛐儿露了出来，就在它企图用强壮的后腿跳走的那一刻，我赶紧用准备好的半截饮料瓶一扣，它就被抓住了。我把它放在玻璃罐子里，喂它菜叶吃，给它水喝，期待它能在交战中有出色的表现。

　　紧张刺激的斗蛐蛐儿开始啦！我们把两只蛐蛐儿放在一个陶盆里。它们一碰面，就像是宿敌一样，把触角挺得直直的，开始咬斗。最终，战败的一方跳出阵地，落荒而逃，而战胜的一方则振翅鸣叫，炫耀胜利。

小小观察站

在哪里能捉到蛐蛐儿？为什么两只蛐蛐儿碰到一起会打斗？

提示：为了争夺地盘和配偶的自然反应。

小动物充电站

一听见蛐蛐儿叫，就说明入秋了，天气渐凉，人们该准备冬天的衣服了，所以有"促织鸣，懒妇惊"的说法。蛐蛐儿利用翅膀发声，在蛐蛐儿右边的翅膀上，有一个像锉（cuò）样的短刺，左边的翅膀上，长有像刀一样的硬棘。左右两翅一张一合，相互摩擦可以发出悦耳的声响。每到繁殖期，雄性蛐蛐儿会更加卖力地震动翅膀，发出动听的声音，以吸引异性。它们危害农作物，是一种害虫。

这是一只很常见的灶马蟋，学名突灶螽（zhōng），常出没于灶台与杂物堆的缝隙中，以剩菜、植物及小型昆虫为食。它没有翅膀，靠腿部摩擦发声。

两只蛐蛐儿虎视眈眈地盯着对方。

小动物游乐园

　　小朋友，来一场蛐蛐儿大赛吧。往罐里放土捣平，两只蛐蛐儿放在里面，一场激战就要开始了！如果两只蛐蛐儿都没有相斗的架势怎么办呢？这时你可以拿一根软草轻轻触碰它们的身体，很快它们的斗志就被激发了。

▲

蟋蟀一般独立生活，两只蟋蟀在一起会斗得水火不容，所以人们利用它们的特性发明了斗蟋蟀的游戏。

zhōng sī

这是一只蝈蝈成虫，观察一下，蛐蛐和蝈蝈有什么不一样？

▼

蛐蛐儿和蝈蝈（螽 斯）常被人相提并论，但它们并不是同一种昆虫。蝈蝈的雄虫前翅有音锉、刮器和发音镜，两前翅摩擦可发出鸣声，优美响亮，而后翅退化。它们虽然是害虫，但人们喜欢饲养，作玩物听其鸣叫。

lóu gū
蝼蛄，
善于挖地道的土狗

别名：地拉蛄、土狗子、水狗

尚尚日记

　　今天出去玩，认识了一种新虫子——蝼蛄。爸爸说蝼蛄的特长就是挖地道。它们在挖地道的时候，不管是不是农作物，遇见什么就破坏什么，这一点让农民伯伯大伤脑筋。有时候我们能看到一个直径大约5厘米的小土堆，爸爸说那是蝼蛄妈妈的"产房"。雌蝼蛄产卵以后，要在"产房"周围的地面上距离"产房"2厘米远的地方，挖成圈沟，好像"护城河"一样。挖出来的泥土，都铺盖在"产房"的顶上，以使"产房"保暖、防热和避免外来危险。看来，蝼蛄虽然是害虫，但蝼蛄妈妈却非常聪明，对宝宝也特别负责呢。

小小观察站

蝼蛄为什么又叫"土狗子"？它会飞吗？

哈哈，这是蝼蛄。它虽然长得像蟋蟀，可不是蟋蟀哦！

我发现一只蟋蟀！

小动物充电站

蝼蛄常被人叫作"土狗子"，因为它生活在地下，而且善于挖地道。它的前足扁平，好像泥瓦工人使用的抹子一样，前端生有锐利的尖齿，用来挖掘隧道。它的隧道能掘到三四十厘米到一百多厘米的深处。而且在挖掘的时候，遇到坚硬的地方就让开，所以它挖的通道弯弯曲曲的，是名副其实的"地道战"。不过，在地下挖的时候，如果碰到农作物的根部，它也会不分青红皂白地咬碎切断，因此会对农业生产造成危害。

小动物游乐园

分别拴住两只蝼蛄的后腿，让它们拔河；或者在它们腿上拴一个火柴盒，里面放些豆子，让它们运豆子，看谁跑得快。

蝼蛄比蟋蟀大。它的身体是浅土黄色的，而蟋蟀多数是深褐色的；它有锯齿形的前足，而蟋蟀没有。

鼠妇，

"我可不是西瓜虫"

别名：潮虫、团子虫、地虱婆^{shī}

别名：潮虫、团子虫、地虱^{shī}婆

尚尚日记

　　生物老师要求我们每人抓 3 只鼠妇做实验。老师说，这种虫子喜欢待在潮湿的地方，比如躲在砖头底下。于是，我就在花圃附近有废弃砖头的地方找。搬开砖头，果然有几只鼠妇四散逃窜！佩佩吓得大叫起来。我眼疾手快，一手扒着土，一手抓鼠妇，抓到就装进塑料袋里。

　　经过一个中午的奋战，我们业绩辉煌，抓了 20 多只。明天如有空手来的同学，可以分一些给他们。

▲
西瓜虫又叫"光滑鼠妇"，和鼠妇有点像。在受到刺激后，鼠妇不能蜷缩成球形，而西瓜虫可以蜷缩成西瓜样。

小小观察站

刺激一下鼠妇，看它能否像西瓜虫一样变成球形。

小动物充电站

鼠妇不属于昆虫，它们是甲壳动物中唯一能够完全适应于陆地生活的动物，从海边一直到海拔 5 000 米左右的高地都可以看到它们的身影。鼠妇用鳃呼吸，而鳃只能在湿润的环境中发挥作用，所以，它们只能居住在潮湿的地方，而且昼伏夜出，逃避光线。它们的外壳有一层薄薄的油，不容易被蜘蛛网等粘住。

小动物游乐园

在阴暗的角落挖一个坑，放入一个塑料杯，杯口与地面齐平，在杯中放入少许水果，一晚上就能诱捕到大量鼠妇呢。

biē
地鳖,
到底有没有翅膀

别名：土鳖、转屎虫

佩佩日记

　　地鳖是比较稀缺的中药材，所以夏天在乡下很多人都会去捕捉它们。白天，它们躲在暗处，到了晚上就跑出来活动或找食吃。天色渐渐暗了下来，我跟着捉虫的人们拿着手电筒、可乐瓶等简易装备出发了。抓地鳖很容易，在树林中，翻开枯叶或残枝就可以发现它们，在其毫无防备的情况下，就落入人手。一个晚上能抓几十只呢！抓到后把它们放到随身携带的大可乐瓶子里，回家后放到一个大的胶桶里面。为了防止土鳖虫逃走，人们会在胶桶的顶部涂上一圈油，这样万一它们爬上去了也会滑下来，确保逃不掉！

小小观察站

为什么有的地鳖有翅膀会飞，有的没有翅膀不会飞？

爷爷，那边砖头下面有几只大黑虫，后背上还有硬壳！

这叫地鳖，也叫土鳖，别看它们长得不好看，可是是一种中药材！

小动物充电站

地鳖是昼伏夜出的昆虫，常常在老旧房子的墙根下活动。

雄性地鳖和雌性地鳖具有不一样的特征。雄虫的身体是淡褐色的，没有光泽但有翅膀，而雌虫的身体却是黑色的。和雄虫刚好相反，雌虫身上有光泽但却没有翅膀。

地鳖是一味中药材。◀

象鼻虫，
受到触碰就装死

别名：象甲

尚尚日记

佩佩说看到一种很奇特的虫子，脑袋前面长着大象鼻子。我知道她说的肯定是象鼻虫，长长的"鼻子"其实是它的口器。可佩佩又说，那个虫子的身体是黑白相间的，这下可把我难倒了，在我印象中，象鼻虫都是黑色或者棕色的。

我赶紧查阅资料，可不能让佩佩小瞧了我。果然，功夫不负有心人，不久我就揭开了这个虫子的神秘面纱。原来这是一种"鸟粪象鼻虫"，它黑白相间的颜色是为了模拟鸟粪的样子，以保护自己，不引起敌人的注意。它还有种本领就是假死，如果谁触碰了它，它就立即装死，并且能持续很长时间。

小小观察站

仔细观察象鼻虫的"鼻子"，象鼻虫是用它来闻味道的吗？

▶ 我们会在陈年大米中看到有小黑甲虫爬来爬去，那就是米象啦。

◀ 象鼻虫的"鼻子"其实并不是鼻子，而是它们用以嚼食食物的口器。

小动物充电站

　　象鼻虫因为"长鼻子"而得名。不过，那可不是它的鼻子，而是用以嚼食食物的口器。象鼻虫是常见的经济植物害虫。雌虫在产卵前，往往会用口器在植株上钻一个管状洞穴或横裂，然后再把卵产在里面。孵化出来的幼虫是浅黄色的。幼虫头部特别发达，能在植株的茎里或谷物中蛀食。它们危害植物，但不咬人。成虫具有假死的习性。

小动物游乐园

　　和象鼻虫开个玩笑，看它在什么情况下会装死。

这是一只竹象甲虫，是竹类的主要害虫。▶

qiāng láng
蜣螂，
自然界的清洁工

别名：屎壳郎、推丸、黑妞儿

佩佩日记

我有一个疑问：在草原上，成群的牛羊一起拉便便，会不会把草原都覆盖了呢？爸爸说不会。在自然界有一个生物链，一种动物既为其他种类的动物提供食物，同时也从别的动物那里获取食物。比如大象等动物的便便，就是蜣螂的食物。成万只的蜣螂把动物的便便弄成球状，然后推进自己的洞穴里，作为自己和宝宝的食物。有了这种昆虫，动物的便便不仅不会污染环境，还会使土地变得肥沃。

原来，大自然的生态需要所有物种共同发挥作用才能达到完美的平衡，而我们人类要尽可能地保持这种平衡，这样才能更好地保护我们的地球！

▲ 蜣螂的颜色大多数为略带光泽的黑色或褐
色，雄性头部有角。

▲ 毫不起眼的蜣螂是大自然的
"清洁工"呢！

小小观察站

蜣螂为什么滚粪球？

小动物充电站

　　蜣螂可以将粪便滚成球状，并且滚动到安全的地方藏起来，然后再慢慢吃掉。它们还将卵产在球状粪便上。别看粪便臭不可闻，对于它们的宝宝来说，可是维持生命必不可少的营养食物。宝宝还没有出世，妈妈就已经为它们准备好了，宝宝一孵化就有现成的食物啦。

　　哪里有蜣螂，哪里的粪便就会被清理得一干二净。它们有"自然界的清道夫"的称号。一只蜣螂可以滚动一个比它身体大得多的粪球。一堆大象的粪便能够养活7 000只蜣螂。它们在自然界担任着非常重要的角色，所以我们应该感谢蜣螂呢！

蜣螂主要以动物粪便为食，被人
成为"自然界的清道夫"。

隐翅虫，
落在身上用嘴吹别用手捏

别名：影子虫、青腰虫

佩佩日记

　　爸爸说，报纸上刊登了几起被毒隐翅虫咬伤的事件。听完，我也有点紧张，担心到公园去玩会遭遇到呢。好在后来报纸刊登了专家关于毒隐翅虫的专访。

　　专家说其实，毒隐翅虫在城里并不常见。它们一般都隐藏在潮湿的地方，比如河沟和杂草丛生之处。当遭遇它们后，千万别慌，用嘴吹走就行。如果不慎被咬伤，可到医院让医生帮忙处理。

　　看了这个报道，我心里总算踏实了。

小小观察站

隐翅虫没有翅膀吗？为什么不要轻易打死落在身上的隐翅虫？

> 妈妈，我肩膀上有个虫子！怎么办？

> 这是隐翅虫，有毒，千万别用手捏，吹口气把它吹走就好！

隐翅虫其实是有翅膀的哦！▶

小动物充电站

隐翅虫常常出现在腐烂的动植物周围，以腐烂的动植物为食物，或者捕食其他小型动物。它们有翅膀，但通常都收起来，不易被发现。它们体外没有毒腺，不会蜇人，但是体内有毒液，被打死后毒液就会流出来。所以发现身上有隐翅虫时不要轻易拍打，可以弹开或者吹走。当它们的体液不小心弄到皮肤上时，可以用牙膏、肥皂水等进行处理，然后用清水洗净。

椿象，

chūn

"放毒气" 的臭大姐

别名：放屁虫、臭大姐

佩佩日记

　　天气真好，我们在小区的草地上晒太阳。一只小虫子也过来凑热闹，显然它不受大家的欢迎，因为它是有名的臭大姐。臭大姐长着一对长长的触角，在遇到危险时触角会不停地摆动，好像在威胁敌人。它的腿在迷失方向的时候会一伸一拱。它还有着一个外表挺像枯叶的甲壳和一个尖尖的头，腹部和六条腿黑白相间，看起来很奇怪。我和尚尚都不敢用手去捉它，就拿树枝捅它，用卫生纸扑它，拿指头弹它，还用嘴吹它……很快，它受不了我们的折腾，扑棱棱飞走了，当然，报复似地给我们留下了一股臭气！

▲ 椿象是一种能够放出臭气的昆虫，最好别碰它！

小小观察站

椿象如何发出臭气？它为什么这样做？

什么东西发出的臭味，好难闻啊！

可能是我刚不小心踩死的臭大姐发出的气味！

小动物充电站

椿象是一种臭名远扬的昆虫。它身上有一种特殊的臭腺，臭腺的开口在其胸部，位于后胸腹面，靠近中足基节处。当它受到惊扰或攻击时，它体内的臭腺就能分泌出挥发性的臭液，臭液经臭腺孔弥漫到空气中，使四周臭不可闻，对方不敢进犯，自己则乘机逃之夭夭。在它的毒雾释放的时候还伴有声音，所以它也是名副其实的放屁虫。不过，请放心，它们的毒雾不会对我们造成毒害。其实，它们的名声不好，并不仅仅是因为它们臭，而是因为它们是为害农作物、蔬菜、果树和森林的害虫。

刚孵化出来的绿色椿象。雄虫背上常背着成堆的卵粒，是动物世界的"好爸爸"。 ▶

天牛，
真的力大如牛吗

别名：牛角虫、天水牛、花妞子

尚尚日记

　　我喜欢和爷爷玩天牛大战。天牛最好辨认了，黑色的大虫子身上全是白色的斑点，连犄角上都有。把天牛抓在手里的时候，它还会发出"嘎吱嘎吱"的响声，怪不得它也叫"锯树郎"呢！我和爷爷各自选出最大、最强壮的一只作为自己的"战将"。

　　紧张刺激的天牛大战开始了，先是天牛赛跑，然后是天牛拉车、天牛钓鱼，几轮下来，我们的"战将"都有些吃不消了！我和爷爷则让它们的滑稽姿势逗得哈哈大笑。

小小观察站

猜一猜它为什么叫天牛，它和牛有什么共同点吗？

▶ 身披硬壳的天牛。

▲
看看两只天牛是如何战斗的！

小动物充电站

天牛通常以植物为食，幼虫蛀食树干和树枝，影响树木的生长发育，是树木的害虫。松树、柏树、柳树，核桃、柑橘、苹果、桃、玉米、高粱、甘蔗等都深受其害。

天牛因为在昆虫里面属于力气很大的一种，又善于在天空中飞翔，所以叫天牛。

小动物游乐园

天牛有很多种有趣的玩法，例如，天牛赛跑、天牛拉车、天牛钓鱼等，不过在玩的时候，要当心别被天牛强壮的上颚咬到手。

小朋友试着玩个"天牛钓鱼"的游戏吧：找个小盆盛满水，每个小朋友准备一只天牛；然后，在水中放几个鱼形小片，每只天牛对应着一个，穿孔系线，一头拴在鱼形小片上，另一头系在天牛角上；让天牛待在一个小木条上，浮在水面，这时天牛会频频挥动触角，就像在钓鱼一样，哪个小朋友的天牛把小鱼片"钓"上来，就算赢了！

giāo
锹甲，
威风的昆虫 "装甲车"

别名：锹形虫、锹甲虫

尚尚日记

　　一天，我和爸爸邂逅（xiè hòu）了一只体型硕大的锹甲。本来，锹甲是夜间活动的，但那天它在大白天堂而皇之地抱着枝芽，悠闲地舔食着芽尖的汁液，于是我们就把这个可爱的家伙带回了家。

　　雄锹甲的上颚很发达，形状像鹿角。强大的上颚是作战的武器。由于锹甲体型大，形状奇特，而且好斗，所以人们喜欢把它作为宠物来养。不过，这个宠物可是个厉害的角色呢，主人稍不注意或许就会被锹甲的上颚夹到，严重时还会皮破出血。所以，爸爸告诉我，要当锹甲的主人，可得有很大的胆量哦！

小小观察站

锹甲的钳子有多大力气？

提示：可以把土豆片作为材料让它夹一夹。

> 锹甲的两个大钳子真威风！

> 是啊，那可是它的有力武器。

两只锹甲大战，互不相让。

小朋友，你敢不敢拿在手里仔细观察观察它呢？

鞘翅目昆虫的翅膀都隐藏在甲壳下面。只有它们飞起来的时候我们才能看到。

小动物充电站

锹甲的头比较宽，鞘翅也宽，上颚发达，形似鹿角，身体黑色，具金属光泽，口上片、触角和足为光亮的褐色。它们一般生活在朽木周围，就近以朽木作为食物。大多数时候，它们都是夜里出来活动，但有趋光性。如果晚上打着手电筒在锹甲生活的朽木附近寻找，很可能会发现它们正迎着亮光爬向你呢。

小动物游乐园

白天可以到树林里看看，观察树干的上方是否有汁液渗出。如果有，晚上拿手电筒来，肯定会发现不少锹甲哦！

雄锹甲发达的上颚呈钳状，这是它的武器。

蜜蜂，
为什么总被赞勤劳

别名：种类不同，别名不同

佩佩日记

　　我在养蜂场看见一排排蜂箱。每个蜂箱上都有一个小孔，蜜蜂可以从那里自由出入。养蜂的叔叔告诉我们，每个蜂箱都有 10 层，住着成百上千只蜜蜂。蜜蜂白天出去采蜜，下午凉快的时候飞回来，然后把蜜从"嘴"里吐出来，放在窝里，人们用甩蜜器一甩，蜜就出来了。天天如此，没有休息，所以说蜜蜂真是勤劳啊！

小小观察站

蜜蜂喜欢在什么样的花朵上采蜜？蜂蜜是怎么酿成的？蜜蜂会主动蜇人吗？

花蜜被蜜蜂吸进蜜囊的同时即混入了它的上颚腺的分泌物——转化酶，蔗糖的转化从此开始，经反复酿制直到蜂蜜完全成熟。

妈妈，为什么蜜蜂总是被人称赞勤劳呢？

因为蜜蜂总是忙着酿蜜，给花儿授粉，建造甜蜜的蜂房，没有一天休息呢。

小动物充电站

蜜蜂的勤劳是有口皆碑的。它们为取得食物不停地工作，白天采蜜，晚上酿蜜，同时替花和果树等完成授粉任务，是植物授粉的重要媒介。一只蜜蜂平均每天采集 10 次蜂蜜，每次能够携带它体重一半的蜂蜜量，因此，一只蜜蜂在一生中仅能为人类提供 0.6 克蜂蜜。可想而知，我们吃的蜂蜜是由多少蜜蜂辛勤劳动得来的。

蜜蜂有时候会蜇人，但是它蜇人是以付出生命为代价的。蜜蜂的螯针上有倒钩，蜇完人后，螯针就会留在人的皮肤里拔不出来。蜜蜂的螯针与内脏相连，蜇完人后内脏也会随螯针一同被拔出，因此，它们一生只能蜇一次人，并且蜇完人后很快就会死去。

通过人工饲养蜜蜂可取其多种产品，比如蜂蜜啦、蜂胶啦、花粉啦、蜂蜡啦……

马蜂，
这家伙可不好惹

别名：黄蜂、胡蜂、地龙蜂

佩佩日记

　　说一个人闯了祸，总会说他"捅了马蜂窝"。在山里玩的时候，我幸运地捡到了一个马蜂窝。看着这个东西，我才知道为什么马蜂窝不能捅。原来，马蜂窝的好多格子里都住着小宝宝，如果谁把它们的窝打翻了，它们几乎全部都会飞出来报仇。所以，如果有谁胆敢捅马蜂窝，必然会遭到马蜂们的围追堵截。基于这些可怕的事实，以后遇到三三两两的马蜂，还是绕道为妙吧！

小小观察站

马蜂窝是什么材料做成的？

提示：植物纤维是马蜂窝的主要原料。马蜂从植物上咬下纤维咀嚼，加入自己的唾液，就造出了马蜂窝。

难得有机会这样近距离地观察马蜂，原来它的脸长这样啊！▶

小动物充电站

千万别把马蜂和蜜蜂弄错了！马蜂的脾气可比蜜蜂暴躁多了。马蜂的护幼、护巢习性很强，它们的脾气很暴躁，很"好战"。如果被它们蜇到可就惨了。（马蜂分有毒和无毒两种，有毒的是雌蜂）可能会引起肝、肾等脏器的功能衰竭，不过，见到马蜂窝也不用惊慌，如果不主动骚扰它们，它们感觉不到威胁，是不会主动攻击的。

蜜蜂是以花蜜为食的植食性昆虫，是吃素的，在采集花蜜过程中起到传播花粉的作用；马蜂食性复杂，除了吸食花蜜外，成虫还具捕食性，树上的毛毛虫、小青虫，都是它的捕食目标。由于马蜂捕食的对象都是害虫，所以，它与蜜蜂一样都是益虫。

◀ 马蜂的蜂巢为纸质巢，而蜜蜂的巢则为蜡质巢，图为马蜂的巢。

huò
尺蠖，
吊死鬼，恶作剧大师

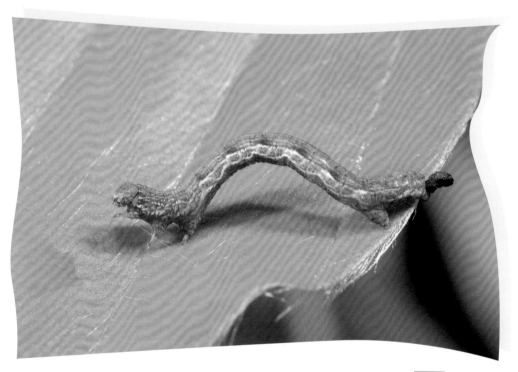

别名：吊死鬼

佩佩日记

　　图书馆旁的林荫道种的是槐树。槐树的一个栖息者就是可怕的吊死鬼。它们的身体是青绿色的，爬行的时候身体中部拱起来再向前蠕动。可怕的是，它们还会吐丝，然后吊在丝上突然从树上落下来，悬在半空中，吓人一大跳。尤其是胆小的女孩子，都不敢轻易走这条道了。好在环卫工人给槐树打了药。打药之后，吊死鬼就不会再孵化，这样就解除了虫害。

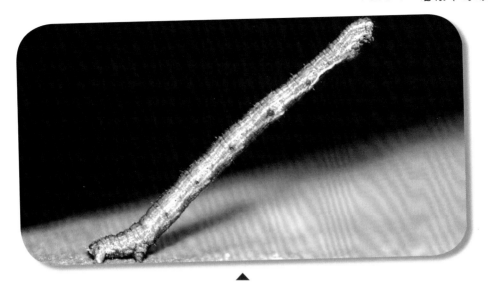

▲
尺蠖的高难度动作——身体斜向伸直。

小小观察站

尺蠖幼虫在爬的时候为什么身体拱成一座桥？它们为什么要从树上吊下来？

爷爷，你看，这棵树上吊着好多虫子，好恐怖！

别怕，这是尺蠖，有人叫它吊死鬼。它只会侵蚀树叶，不会危害人体。

小动物充电站

　　尺蠖的幼虫身体细长，在爬行时身体一屈一伸，活像一个移动的拱桥。如果小朋友仔细观察就会发现正是因为它缺少中间的一对足，所以才用这样一种特殊的方式爬行。

　　尺蠖在休息时，身体能斜向伸直，就像树枝一样；而在受到惊吓时，它会吐丝下垂，突然从树上垂下来，吓人一大跳，所以得了个吊死鬼的别名。它们的幼虫蚕食叶片，而且食量大，如果防治不及时，会在1~2天内将整株槐树的叶片吃光。所以，尺蠖是害虫。

táng láng
螳螂，
为什么又叫祈祷虫呢

别名：刀螂、大刀螂

佩佩日记

　　今天去秋游，在山脚下，我和一只小螳螂不期而遇了。这是我第一次见到螳螂，所以很兴奋。那是一只青绿色的小螳螂，它有着三角形的尖脑袋、长长的身子、细细的腰身和两把看上去无比厉害的 "大镰刀"。它似乎知道我对它的爱惜，所以并不惧怕我，在那里悠闲地趴着。老师说螳螂是一种捕食性昆虫，它正在那里等待猎物呢。

螳螂受惊时，振翅沙沙作响，同时显露鲜明的警戒色。

小小观察站

螳螂为什么又叫刀螂和祈祷虫呢？

螳螂喜欢捕捉移动的猎物，包括各类昆虫和小动物。它们能消灭不少害虫。

小动物充电站

螳螂身体多为绿色，也有褐色或具有花斑的种类。它的标志性特征是有两把"大镰刀"，即前肢。"刀"上有一排坚硬的锯齿，末端各有一个钩子，用来钩住猎物，所以又叫刀螂。在古希腊，人们将螳螂视为先知。因为螳螂前臂举起的样子像在祈祷，所以又叫祈祷虫。一只螳螂的寿命有 6~8 个月。即使没有头，螳螂仍能存活 10 天。

金龟子，
漂亮的害虫

别名：栗子虫、瞎眼闯子

尚尚日记

　　院子里种的瓜果经常会诱惑一些昆虫来访。这不，妈妈在黄瓜藤上发现了两只金龟子。它们的壳硬硬的，绿油油的身体略带些棕色，散发着金属光泽。有两只又黑又亮的小眼睛，两只触角不停地摇着。六条腿上都长着小刺。我连忙叫妈妈抓住它们，然后把它们放在一个玻璃瓶子里，上面盖上保鲜膜，还特地扎了几个小孔保持空气畅通。

　　今天，我拿出一只放在手上玩。它的小脚丫挠得我直痒痒。我怕用力捏会伤到它，所以就轻轻地捏着。谁知它可能是害怕了，竟然拼命挣扎，从我的手指缝里挤了出去，张开翅膀"呼"的一下飞走了！妈妈说，金龟子是害虫，很遗憾，让它逃了。

小小观察站

所有的金龟子都是绿色的吗?

金龟子体壳坚硬，表面光滑，多有金属光泽。前翅坚硬，后翅膜质，多在夜间活动，有趋光性。

▼

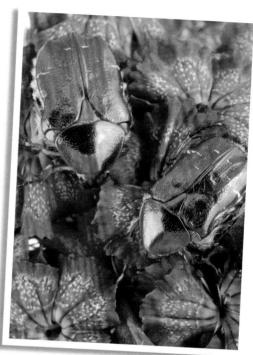

▲

金龟子虽然好玩，但它们是害虫，为害农作物。

小动物充电站

金龟子是金龟子科昆虫的总称，我们常见的有铜绿金龟子、朝鲜黑金龟子、茶色金龟子、暗黑金龟子等。

当它们还是金龟子宝宝时，大多生活在土里，以土中的有机物为食。而当它们变为成虫之后，有的以植物根茎叶为食，有的以腐败有机物为食，也有的以粪便为食。所以，金龟子总体上说是一种杂食性害虫。

小动物游乐园

把绳子绑在金龟子的腿上，它飞的时候，牵着它飞，就像放风筝一样，小朋友试试吧!

麻雀，
城市中的小精灵

qiǎo
别名： 禾雀、宾雀、家雀儿

佩佩日记

　　我看到最多的鸟儿就是麻雀了，无论在公园里还是在山林里，无论春夏秋冬，都能看到它们活泼的身影。它们长着棕色的羽毛，轻巧灵活，聪明机敏。它们善于在人类的房屋外面筑巢，就连我家楼房外的空调孔中，都住着一窝可爱的小麻雀呢！我和哥哥经常看见它们忙碌地飞来飞去，有时候还能听到窝中传来的"叽叽喳喳"的雏鸟叫声。它们肯定是幸福的一家！

麻雀会抢食高粱、谷物等粮食，但它们也会吃害虫。它们对有害昆虫的控制起到了非常大的作用。

小小观察站

麻雀吃什么呢？它们对人类有害吗？

爸爸，书上说"麻雀虽小，五脏俱全"是什么意思？

这是一个成语，比喻事物的体积或规模虽小，具备的内容却很齐全。

小动物充电站

　　麻雀的警惕性非常高，不易驯养，被关在笼子里之后，往往不吃不喝直到死亡。虽然如此，但它们离人类的距离是所有鸟儿中最近的。它们在人类的房屋外筑巢，有时也会占领家燕的窝巢；在野外，它们就在树洞中筑巢。当有外来鸟类入侵它们的领地时，它们会表现得非常团结，直到将入侵者赶走为止。麻雀在养育雏鸟时表现得非常勇敢，可以不顾一切地保护自己的小宝宝。

喜鹊,
叫喳喳的吉祥鸟

别名: 鹊、客鹊

尚尚日记

    奶奶家的院子里有棵老槐树,树杈上有一个喜鹊窝。我一直想看看窝里的小喜鹊长什么样,就常常用脚去踹那棵树,想把喜鹊窝踹下来,可老槐树纹丝不动。我又用长杆钩子使劲去捅,却够不着。奶奶见状连忙制止我:"捅喜鹊窝可不好啊!要生灾的!"

    "为什么呢?"我不解地问。奶奶摸摸我的脑袋和蔼地说:"因为鸟也是条性命,不能祸害它们的窝。鸟儿会选择那些和睦的家庭,在附近搭窝。你看,喜鹊能把窝搭到咱们院里,说明咱们家兴旺,咱们家和睦。"我好像明白了什么,再也不捅喜鹊窝了。我希望喜鹊能在奶奶家一直住下去,陪伴奶奶,陪伴我,陪伴我们全家。

小小观察站

为什么喜鹊被看作吉祥的象征？

提示：因为喜鹊的名字带个"喜"字，而且它们的叫声"喳喳喳"很热闹！

爸爸，你看！树上有一个很大的鸟窝，那是什么鸟的窝啊？

那是喜鹊窝。你看，有喜鹊飞回窝了！

小动物充电站

喜鹊食性较杂，食物组成随季节和环境而变化，夏季主要以昆虫等动物性食物为食，其他季节则主要以植物果实和种子为食。它们觅食的时候，常有一只负责守卫，轮流分工，如果发现危险，守望的鸟会发出惊叫声，很快连同觅食鸟一起飞走。喜鹊是一种留鸟，不会在冬天迁徙(xǐ)到别的地方过冬。它们喜欢将巢筑在民宅旁的大树上。喜鹊善营巢，鹊巢又高又大，目标明显，经常被那些不自营巢的鸟类，如杜鹃，红脚隼(sǔn)侵占。

喜鹊会选择在较大、较高且多丫的树丫上建巢。这样既稳定，不易被风吹落，又可防止较大动物对巢穴的攻击。喜鹊从开始衔枝到初步建成巢的外形需要2个多月，加上内部工程全部结束，约需时4个月。

鸽子，
和平使者

bó gē
别名：鹁鸽、白凤

尚尚日记

　　在伯伯家的屋顶上，有一个很大的方形铁丝笼子，笼子里住着大伯喂养的30多只鸽子。这么多鸽子在一起，老远就能听见它们合唱的"咕咕歌"。

　　伯伯说，他的鸽笼是鸽子们的大别墅。大伯非常疼爱这些鸽子，不仅用木制的小格子制作了鸽子们的单间卧室，还为每间卧室垫上了稻草、毛絮等，让鸽子们住得既温暖又舒适。而且，大伯每天还训练它们，在太阳升起时将鸽子们放飞。

鸽子具有强烈的归巢性。它们不愿在任何生疏的地方栖息。若将它们带到离"家"很远的地方放飞,它们会竭力以最快的速度返归。

小朋友,还记得你在公园给鸽子们喂的什么食物吗?鸽子们主要吃玉米、麦子、豆类、谷物等,一般不吃虫子。

小小观察站

鸽子为什么经常在地上捡一些小石子吃呢?它们吃了石子会不会生病?

提示:不会!它们的胃壁很厚,小石子在胃里有助于把那些食物磨碎磨软,从而容易消化。

小动物充电站

鸽子警觉性较高,反应机敏,对周围的刺激反应十分敏感。它们是"一夫一妻"制。一旦两只鸽子结成配偶,感情非常专一。有时候,雌鸽离巢时,雄鸽还会追逐雌鸽归巢产蛋。鸽妈妈产下蛋后,就和鸽爸爸轮流孵蛋。它们共同哺育幼鸽。

在古代,信鸽是很重要的通信手段。在交通不发达的时代,人们就训练它们帮助人类送信。因为它们有强烈的归巢性,记忆力也非常好,而且有利用地磁场导航的能力。

bān jiū
斑鸠跟鸽子很像,它们都属于鸠鸽科。斑鸠很好辨认,身体羽毛为淡红褐色,头上为蓝灰色,后颈基两侧各有一块具蓝灰色羽缘的黑羽,尾尖白色。

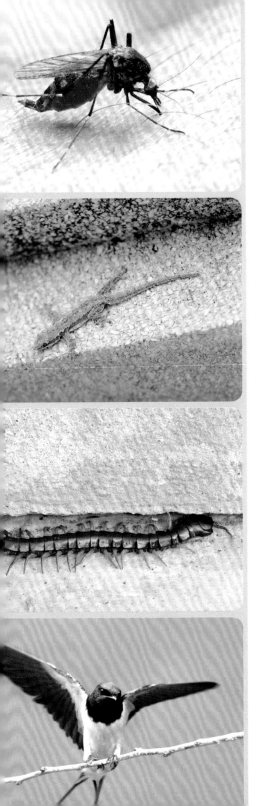

Part 2

常在家中"做客"的小动物

　　你的家中可能没有饲养宠物，但肯定会有小动物。有的不请自来的小动物会来个恶作剧，吓你一跳；有的和人类相安无事，互不打扰；有的又让我们不胜其烦；也有的帮助我们捕捉蚊蝇，辛勤劳作。让我们来了解一下这些常在家中"做客"的小动物吧！

苍蝇，
令人讨厌的访客

别名：蝇、乌蝇

佩佩日记

　　厨房里有几只可恶的苍蝇。它们不仅到处乱撞，还哼着嗡嗡的小曲儿，吵得我头都大啦！我随手拿起厨房里的木铲来对付它们。妈妈见状赶紧把铲子收缴了。她从门后拿出一个球拍，对准苍蝇拍下去，之后就听见一阵噼里啪啦的声音。我这才发现，一只只苍蝇一动不动地趴在地上，死掉啦！

　　妈妈用纸包起苍蝇扔进垃圾桶，笑着说："这是'电蚊拍'，专门打蚊子、苍蝇的。你用铲子打苍蝇，把苍蝇打死了，铲子也沾染上了细菌。"我赶紧抢过电蚊拍研究，哈哈！等再发现苍蝇、蚊子，我就用这个终极武器来对付它们！

小小观察站

苍蝇的嗡嗡声是从嘴里发出来的吗？

提示：声音可不是从嘴里发出来的，而是它的翅膀震动的声音！

苍蝇在盛夏季节可存活1个月左右，在温度较低的情况下可延长到2~3个月。

小动物充电站

苍蝇是完全变态昆虫。什么是完全变态呢？就是说，它的一生经过卵、幼虫（蛆）、蛹、成虫这4个时期，各个时期的形态完全不同。

苍蝇没有鼻子，它是怎么根据味道飞向食物的？原来它的嗅觉器官不是在头上、脸上，而是在脚上。只要它飞到食物上，就先用脚上的味觉器官去品一品食物的味道，然后再用"嘴"去"吃"。它们见到任何食物都要去尝一尝，脚上沾了很多食物残渣，既不利于飞行，又阻碍了它的味觉，所以苍蝇总把脚搓来搓去，是为了把脚上沾的食物搓掉。对它来说这是为了更好地品尝食物，可对于我们人类来说，苍蝇的这种坏习惯会传播很多病菌。

果蝇比苍蝇小，以腐烂的水果为食物。

跳蚤，
zao

为什么要寄生在动物身上

别名：革子

尚尚日记

我们救助了一只无家可归的白色小狗。狗狗身上很脏，还经常用爪子挠痒痒。莫非它身上有跳蚤？于是，我和妈妈决定为它来个大扫除。妈妈扒开狗的长毛，发现里面有很多像黑沙子一样的东西，妈妈说这是跳蚤的粪便，可恶的跳蚤往往在宿主身上边吸血边排便。

果然，这些像灰尘一样的东西掉进水里就变成了红色，而普通的沙土是不会变色的。接着，我们用硫黄皂给狗狗仔细地洗了个遍，然后给它吹干。洗完澡的狗狗就像一个白色小球，可爱极了。它似乎也感到了浑身轻松，不停地摇着尾巴向我们表示感谢呢！

小朋友，如果你经常看到你的小狗挠痒痒，那很可能就是跳蚤在骚扰它啦！

小小观察站

跳蚤很善于跳跃吗？

妈妈，狗狗身上肯定有跳蚤了！看它在身上到处乱抓！

嗯，我们给它洗个澡吧！

小动物充电站

　　本来跳蚤是有翅膀的，不过由于长期寄生在哺乳类动物和鸟类身上吸血，不需要飞来飞去找食物，所以翅膀就退化了，变成了善于跳跃的寄生性昆虫。如果你的家里养有小猫或者小狗，要定时为它们清洗毛发，以免滋生跳蚤。

蚊子，
夏夜吸血者

别名：寻觅蚊

尚尚日记

　　在清洁环境的时候，我在阳台的盆景水槽里发现了一些很小的虫子。它们像是垂直挂在水里，尾巴一摆一摆，像小鱼一样游来游去。我马上叫爸爸来看。爸爸说那是蚊子的幼虫，叫孑孓（jié jué）。蚊子通常在水中产卵，卵长大后羽化成蚊子。于是，我们赶紧把水槽清理干净，及时铲除了这些小祸患！我问爸爸，如果鱼缸里也出现孑孓怎么办？爸爸笑着说，如果蚊子敢把卵产在鱼缸里，长成孑孓就正好成了鱼儿的美餐啦！原来，鱼儿也是抓蚊子的高手啊！

小小观察站

蚊子咬的包为什么会鼓起来，还那么痒？

提示：蚊子叮人时往人的皮肤上注射的抑制血液凝结的蛋白质，会引起人体的免疫反应，造成瘙痒和起包。

为什么白天看不到蚊子，晚上却能见到蚊子呢？

因为蚊子具有趋暗的习性。衣服颜色越暗的人，越容易被蚊子进攻。

小动物充电站

蚊子是炎炎夏日里最让人讨厌的昆虫了。被蚊子叮上一口，不一会儿就会又肿又痒，难受得要命。

并不是所有蚊子都吸血。雄蚊子主要吸食植物的汁液。真正的吸血鬼都是雌蚊子。雌蚊子把它长长的口器扎进人的皮肤，同时放出含有抗凝血剂的唾液来防止血液凝结，这样它就能够安稳地"抽血"了，吃饱喝足后留给我们的就是一个痒痒的肿包。

蚊子喜欢阴暗的地方，白天它们都会藏起来，晚上出来"偷血"。

zhāng láng
蟑螂，
与恐龙同时代

别名：小强

尚尚日记

　　我第一次和蟑螂"决斗"发生在一个下午。当时，我正在房间里写作业，突然从厨房传来佩佩一声惊叫。我马上放下笔跑到厨房，原来是一只可恶的蟑螂，太嚣张了，居然大白天招摇过市。这只棕色的蟑螂贼头贼脑，正在偷吃东西，现在它既然已经暴露行踪，我就不会手下留情了！我顺手抓起一张餐巾纸就去捏它，可它跑得飞快。它一路跑，我一路追，最终我技高一筹，它一命呜呼了，真痛快！

小小观察站

蟑螂有翅膀吗？它们能飞吗？

提示：蟑螂有的种类无翅，不善飞，能疾走。

不要用脚去踩蟑螂，那样会使蟑螂体内的大量病菌病毒到处扩散。 ▶

哎呀！我刚刚在厨房踩死了一只蟑螂！

如果你踩死的蟑螂身上有卵鞘 qiào，就很可能会把蟑螂卵粘到鞋底带到其他地方的！

小动物充电站

蟑螂是这个星球上古老的昆虫之一，甚至比陆地上第一只恐龙的诞生还要早1亿多年！它们的生命力和适应力非常顽强。一只被摘头的蟑螂可以存活9天，9天后死亡的原因则是过度饥饿。

蟑螂喜欢温暖、潮湿、食物丰富和多缝隙的场所。厨房总是它们的活动中心。每到夜晚，特别是熄灯后，它们就出来游窜。它们无所不吃，因此，沾染和吞入很多病原体，再加上它们边吃边拉的恶习，因此，很容易传播病菌。

小动物游乐园

用一只口较小体较大的玻璃瓶，口周围抹上麻油（或香油），瓶内放一些香的食物，夜晚将其放在蟑螂较多的地方，蟑螂闻到香味后，就会爬入"陷阱"。小朋友试试吧！看你能逮住多少只蟑螂。

飞蛾，
扑火的勇气从哪儿来

别名： 扑腾蛾子

尚尚日记

　　我和佩佩正在房间里写作业。突然，一只飞蛾从窗户外面冲进来，停在台灯的灯罩上，吓得佩佩连忙躲开。看她吓成那样，我就摆出一副英勇的样子，拍着胸膛说："别怕，我来保护你！"我拿起一只铅笔把它吓飞了，它落在不远处的窗帘上。为了彻底赶走它，我又拿起一本书，小心翼翼地走到它旁边，然后用力一拍，它就轻而易举地被我拍扁了，可是我的书上却留下了很多飞蛾翅膀上的粉末。

　　过了一会儿，又来了一只，同样被我消灭掉了。佩佩问为什么飞蛾总喜欢缠着我们呀！我说，它们并不是缠着我们，而是我们桌上的灯光吸引了它们，它们有趋光性。

绝大多数飞蛾色彩
暗淡，但有的种类
也跟蝴蝶一样漂亮。

小小观察站

飞蛾和蝴蝶有什么不一样？它们为什么不顾一切地扑向灯火？

提示：飞蛾有趋光性。

小动物充电站

在昆虫中，飞蛾是蝴蝶的姊妹。它的生长发育和蝴蝶一样，会经历卵、幼虫、蛹、成虫 4 个阶段。飞蛾喜欢在光亮处聚集。夏夜里，只要到路灯下，总能看到飞蛾绕着灯不停地转啊转，即使身体撞在路灯上发出啪啪的响声，哪怕翅膀撞破也在所不惜。正如俗话所说"飞蛾扑火自烧身"，形容做事情执着而不顾一切的态度。成年的飞蛾吃花蜜，对植物的授粉有一定的帮助。不过飞蛾也会刺破果实，吸食果汁导致果子凋零掉落，所以飞蛾是为害柑橘、桃、李、梨等果树的重要害虫。

小朋友，在家中见到过这样的小飞蛾
é měng
吗？它是蛾 蠓，也叫扑腾蛾。

壁虎，
断尾逃生本领强

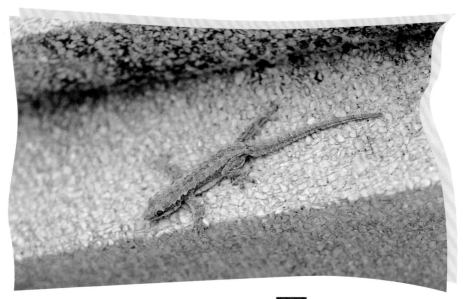

别名：爬壁虎、爬墙虎

尚尚日记

在窗帘后的墙上，我发现了一只壁虎。这一次，我要近距离地看看它。它一动不动，似乎也在看我。不过没关系，我知道它不会咬我，所以不怕它。它有浅棕色的身体，眼睛外面朦朦胧胧罩着一层白膜，4只爪子扁平，脚趾末端有点大，身后一条由粗到细的长尾巴。这就是那条著名的会脱落逃生的尾巴啊！

这时，妈妈进来了。我轻轻地把壁虎指给她看。她说，壁虎本来是夜间活动的，也不常进入人的家里。可能是因为我们家里有蚊子，它专门来为我们消灭蚊子呢！我很感激这只小东西，而且绝对不会打扰它的"工作"的。

小小观察站

壁虎的尾巴为什么会断落？它没有尾巴怎么办？壁虎真的有毒吗？

书上说壁虎在古代属于"五毒"之一，难道它有剧毒吗？

不，那是古人的误解。除了有些品种是带毒的以外，大多数都没有毒。

▲ 壁虎的脚趾胖胖的很可爱，上面长满了密集的刚毛，能起到吸盘的作用。

小动物充电站

壁虎昼伏夜出，白天潜伏在壁缝、瓦檐下、橱柜背后等隐蔽的地方，夜间出来活动，捕食蚊、蝇、飞蛾和蜘蛛等。它们身体扁平，四肢短，脚趾上长有无数细小的刚毛，这些刚毛构成了吸盘，能让壁虎在墙壁、玻璃的表面爬行。

壁虎有断尾逃生的本领。这种特别又有效的自卫手段能在遇到敌人攻击时，尾部肌肉剧烈收缩使尾巴断落。刚断落的尾巴在神经的支配下继续扭动上演"分身术"，吸引敌人的注意力，壁虎则趁机溜走。当然，它很快就会长出新尾巴。

小动物游乐园

壁虎能够稳当地趴在光滑的墙面上，靠的是脚上的吸盘。我们也来试验一下吸盘在真空状态下是如何吸在墙上的。准备一只吸盘挂钩，用力按在瓷砖或玻璃上。这个时候空气被挤出去了，大气的压力就会把吸盘牢牢地压在墙上，不容易掉下来了。

yóu yán

蚰蜒，
数数它有多少对脚

别名：草鞋底、钱串子

佩佩日记

　　我和爸爸给院子里的秋海棠换盆土的时候，发现盆下面有很多棕色的虫子。每条虫子有一两厘米长，像蜈蚣一样有很多条腿。可能是受到了惊扰，它们四处逃窜，动作非常快，我还没回过神来它们已经无影无踪了！我被吓了一跳，不由自主地丢掉花盆躲到爸爸身后。爸爸看着我的样子，说："别怕，这不是蜈蚣，是蚰蜒！它们是益虫，虽然它们也咬人，但并不厉害。"爸爸这样一说，我的紧张情绪才稍稍缓解了。

蚰蜒的脚好多，让它保持不动你都会看得眼花缭乱，更别说它全速运动的时候啦！◀

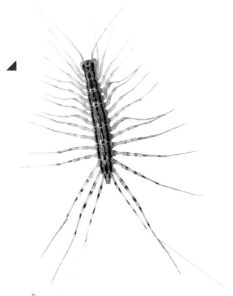

小小观察站

数一数蚰蜒有多少对脚？

我房间里有一只蜈蚣，好恐怖！

别怕！这是蚰蜒，是蜈蚣的近亲。它比蜈蚣小多了，看我的！

小动物充电站

　　蚰蜒与蜈蚣长得很像，但身体比蜈蚣短很多。蚰蜒的身体又短又扁，全身分为 15 节，每一节都有一对脚，最后一对脚特别长。如果虫子们要进行穿鞋子比赛，蚰蜒和蜈蚣肯定是穿鞋子最慢组的冠军。幸好虫子们不用穿鞋，这么多对脚其实跑起来是很快的。

　　蚰蜒的脚还有一个特点，就是当它的一部分被捉住时，能够自动脱掉以便逃走。这个逃生的技能和壁虎自断尾巴逃脱是一样的。

　　蚰蜒生活在房屋内外的阴暗潮湿处，捕食蚊蛾等小昆虫，对人类是有益的。它的爪的顶端有毒腺开口，能分泌毒液，触及人体皮肤后会导致局部疱疹，令人刺痛难受，所以看到它时须小心。

蜘蛛，“我并不是昆虫！”

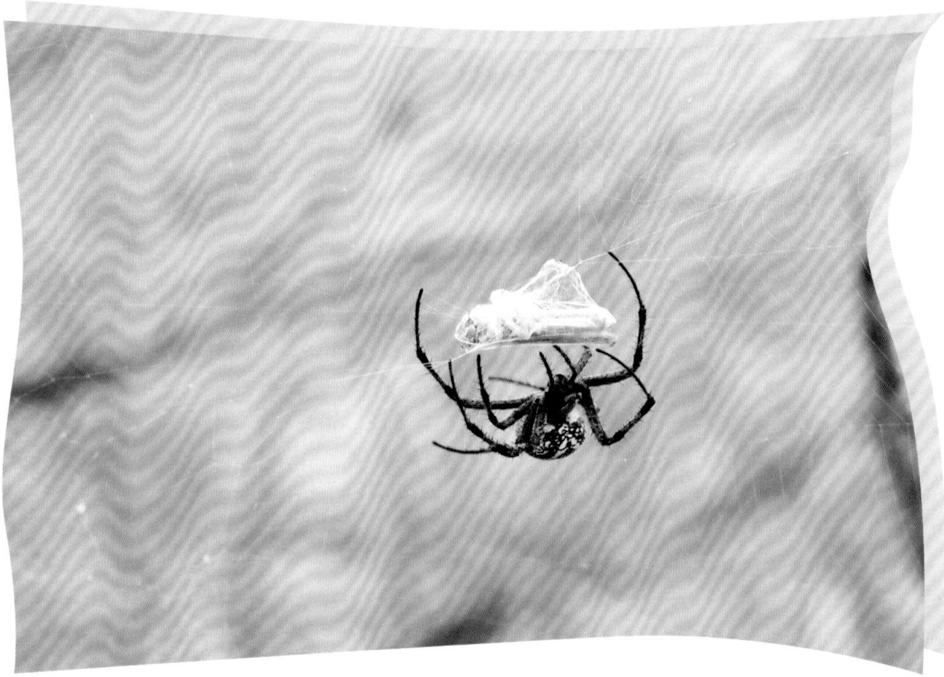

别名：网虫、扁蛛、八角蜮

尚尚日记

在野外寻找蜘蛛并不是一件难事，很快我就发现了蜘蛛网，只是上面没看到蜘蛛的身影。原来，蜘蛛在结网之后，就从网中心拉一根信号丝，然后爬到网的一角的树叶中隐蔽起来。当有猎物被网粘住后，在信号丝另一端的蜘蛛马上就会感到信号丝的振动，及时跑过来大餐一顿。有的蜘蛛网上很显然被大猎物拉开了一个大窟窿。没关系！蜘蛛在进食之后会修补它的网。它会利用肚子上的纺绩器来吐丝，一点一点地修复，或者重新结一张网。

小小观察站

仔细观察蜘蛛网的形状，蜘蛛如何结出强大的蜘蛛网？

蜘蛛经常对着透光和透风的地方结网。蜘蛛丝除了用来网罗猎物外，还可用来当保鲜袋，蜘蛛将吃剩的食物用网把猎物包好，留待下次食用。

哈，又有一个猎物落网啦！

小动物充电站

　　蜘蛛的肚子上有特殊的纺绩器，这就是它们织网的器官啦。蜘蛛丝其实是一种骨蛋白，十分黏糊、坚韧，而且富有弹性，吐出后遇到空气就会变硬。对粘上网的猎物，蜘蛛会先对其注入一种特殊的液体——消化酶。这种消化酶能使昆虫昏迷、抽搐、直至死亡，并使肌体发生液化。液化后蜘蛛以吮吸的方式进食。

蜘蛛虽然外形很像昆虫，但并不属于昆虫。它属于节肢动物门蛛形纲。昆虫都是6条腿，由头、胸、腹3部分组成，而蜘蛛是8条腿。

世界上声名最盛的毒蜘蛛可能就是黑寡妇(红斑寇蛛)了。因为它们的雌性会在交配过程中慢慢吃掉配偶，因此，就得了个黑寡妇的名声。

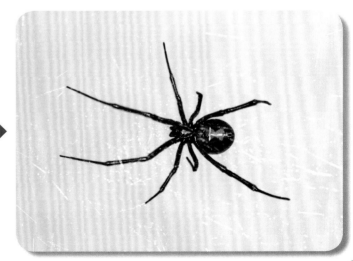

蜈蚣，
看起来就害怕的百足虫

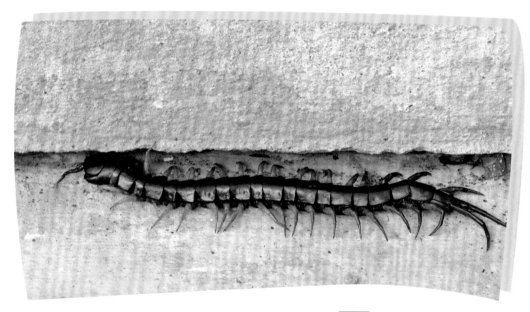

别名：天龙、百脚、百足虫

佩佩日记

　　蜈蚣是我最害怕的动物了。它们喜欢待在潮湿的败叶下，石缝里，或者墙根处。我就曾经在奶奶家门前的大石头下发现过蜈蚣。它的钻缝本领真是太强了，看起来不可能容纳的缝隙，它也能扭扭身子挤进去。蜈蚣有那么多双脚，身体有10~20厘米长，我仔细数过，有22节，总共44只脚，难怪它们爬得那么快，百足虫的名字真是名不虚传啊！奶奶说，遇到蜈蚣也没什么可怕的，因为它是"人不犯我，我不犯人"，只要不去主动招惹它，它也不会主动攻击人的。

小朋友仔细观察一下蜈蚣的颚牙吧！ ◀

小小观察站

数一数，蜈蚣的体节和脚一样多吗？

我最怕蜈蚣了，千万不要让我碰见它们！

蜈蚣主要生活在世界各地的雨林或沙漠还有农村，城市里很少见到。

小动物充电站

　　蜈蚣畏惧日光，昼伏夜出，常常藏在潮湿的墙角、砖块下、烂树叶下和潮湿的房屋中。它们性凶猛，喜欢吃小昆虫，但在早春食物缺乏时，也会吃少量青草及苔藓的嫩芽。蜈蚣咬伤猎物后，其毒腺会分泌出大量毒液，顺颚牙的毒腺口注入被咬者的身体，导致其中毒，但不会致命。

老鼠，

人人喊打的 "小偷"

别名：耗子、田鼠、家鼠

尚尚日记

　　奶奶家养了一只小猫。小猫每次捉到老鼠后，都会将老鼠戏弄一番才吃掉。它先把老鼠抛向半空，等着老鼠落地，而后跑过去，继续反复这个动作，似乎在跟老鼠逗着玩。可怜的老鼠就成了小猫任其摆布的玩具，无可奈何。小猫抓了放，放了抓，直到将老鼠弄得筋疲力尽，最后才把将死的老鼠拖到一个黑暗的地方吃掉。之后，小猫会得意地喵喵冲着主人叫，像是在说："看，我的本领大吧！"

小小观察站

老鼠除了偷粮食，还做哪些坏事？怎样才能消灭它们？

老鼠也有被人类积极利用的一面。多年来，小白鼠一直在充当人类医学研究的"实验鼠"。

小动物充电站

老鼠是人们讨厌的动物。它们盗吃粮食（几乎人们吃的东西它都吃，最爱吃的是谷物类、花生、瓜子和油炸食品等），破坏贮藏物，传播鼠疫。别看它们这么坏，可它们的本事也不小呢。它们生命力旺盛，繁殖速度极快，适应能力也很强。它们会打洞、会上树、会攀爬、会游泳……它们嗅觉灵敏，记忆力强大，但视力很差，触须就是"导盲棒"，喜欢沿着墙沿奔跑。它们警觉性很高，出洞时两只前爪在洞边一趴，左瞧右看，确感安全方才出洞。

人们喜欢饲养仓鼠当宠物，仓鼠的尾巴和小兔子的一样短短的，而老鼠的尾巴是长的。

燕子，
穿花衣的好邻居

别名：拙燕、观音燕

佩佩日记

爷爷家屋檐底下的燕子窝又添了新成员，几只叽叽喳喳的燕子宝宝出生了。我们经常能听到窝里稚嫩的叫声，想象着燕子宝宝张着小嘴向妈妈要食的可爱样子。每天看着燕子爸爸和燕子妈妈忙忙碌碌的，一会儿从窝里飞出去，一会儿又带着食物从外面飞回来，辛苦极了。有时，燕子爸爸会站在屋檐上，警惕地为燕子妈妈放哨。其实它不知道，为它们放哨的除了它，还有我和哥哥。我们会帮它们留意那只不怀好意的流浪猫。希望燕子宝宝早日长大学会飞翔，冬天和爸爸妈妈去南方过冬后，明年春天还能回到爷爷家的屋檐下。

燕子喜欢把巢筑在人居住的屋檐下。

小小观察站

为什么人们喜爱小燕子？它们冬天要飞到南方去吗？

因为燕子是非常亲近人类的鸟儿。它们特地把巢筑在人类的屋檐下，和我们做邻居，还帮我们捉害虫！

奶奶，小燕子为什么是人类的好朋友？

小动物充电站

　　燕子有乌黑的羽毛，雪白的肚皮，轻巧的身形，剪刀似的尾巴。它们对人类的益处非常大。它们不吃粮食，只吃飞虫，包括蚊、蝇等各种害虫。一窝燕子几个月能吃掉十几万只害虫呢！

　　它们会在昆虫较为集中的地方安家落户，在农家屋檐下营巢。巢穴用衔来的泥和草茎用唾液黏结而成，里面铺上细软的杂草、羽毛、破布等。燕子宝宝出生后，燕子爸爸和妈妈会共同养育宝宝。宝宝长大后，天气转凉了，就和爸爸妈妈一起飞到南方越冬，直到第二年春天才重新回来。

燕子飞翔时常会遇到气流的阻力，而它那流线型的剪刀尾巴，能将它遇到的阻力减到最小，使它们飞得更快。

Part 3

山林里的奇趣动物园

　　山林里生活着很多野生的小动物，不过，这些活泼自由的小动物可不那么容易找到，它们有的靠身体的伪装藏在你的眼皮底下；有的身手敏捷让你来不及辨认就无影无踪；有的长相怪异让你望而生畏；还有的兢兢业业甘当保卫山林的小勇士。它们构成了生机勃勃的生态画面。赶紧来和我们一起逛一逛山林里的奇趣动物园吧！

piáo
七星瓢虫，
消灭害虫的"独行侠"

别名：金龟、新媳妇、花大姐

佩佩日记

　　草丛中有一只漂亮的小虫子。它的身体呈半球形，身上 7 个黑色的小圆点，和红色的身体搭配起来漂亮极了。这就是大名鼎鼎的七星瓢虫啦！我好奇地把它轻轻捏在手里，打算仔细研究一下，突然有一股难闻气味的黄色液体出现在我手上。我连忙问爸爸："这是什么啊？是不是它的便便？还是它被我弄伤了？"爸爸笑着说："这是它分泌出的防御武器，有很难闻的气味，能赶走天敌！"原来如此。我还发现它的 6 只脚很细，像发丝一般。这样的脚承载着它半球形的身体还真不容易呢！正想着，它突然扑棱一下飞走了，原来它的翅膀隐藏在壳里面呀！

小小观察站

七星瓢虫是什么颜色的？它能不能飞？

瓢虫的翅膀藏在硬壳下面。它属鞘翅目昆虫，前翅是鞘翅，即硬的部分；后翅是膜翅，即软的部分。

识别瓢虫的最好途径是通过它们身上的斑点，有些瓢虫有 2 个斑点，有些有 7 个、9 个、12 个、28 个……有些则一个也没有，有几个斑点，那就为几星瓢虫了。

小动物充电站

在瓢虫里面，名气最大的要数七星瓢虫了。它颜色鲜艳、小巧可爱，能捕食麦蚜、棉蚜等害虫，大大减轻树木、瓜果的损害，被人们亲切地称为"活农药"。

七星瓢虫虽然很常见，但一般都是单独行动。它很善于自我保护，许多强敌都对它无可奈何。因为它不仅能通过脚关节分泌出极难闻的黄色液体使敌人退却，而且还有一套装死的本领。在遇到强敌或危险时，它会立即掉落到地下，把 3 对细脚收缩在肚子底下，躺着装死，从而瞒过敌人。

瓢虫的种类很多，但不同种类的瓢虫之间界限分明，益虫和害虫互不干扰，也不会"通婚"，各自保持着传统习惯，所以不会产生"混血儿"，也不会改变各自的传统习性。

松毛虫，
排队礼让的森林害虫

别名：毛虫、火毛虫、列队虫

尚尚日记

　　松毛虫身上的毛刺一根一根地竖着，看起来很坚硬。爷爷说，这种虫的毛刺有毒，不要用手捏它。但我有时候会蹲在地上用树枝去扒拉它，逗它玩，这时候它会有趣地把身体蜷起来。

　　书上说如果松毛虫有好多只，就会排成整齐的一队慢慢爬，它们只排成单排，绝对不会排成双排，后面的松毛虫也绝对不会超过前面的松毛虫。别看它们爬得很慢，但坚持不懈地前行也能使它们爬得很远。虽然它们是害虫，但是它们排队礼让的习惯和百折不挠的韧劲真值得赞赏！

小小观察站

松毛虫是单独爬行，还是排队行进？

松毛虫是森林害虫中发生量大、危害面广的主要森林害虫之一。

hān jū
松毛虫虽然样子憨态可掬，可它们的中、后胸都有毒毛。如果不小心触摸到它的毒毛，会引起急性皮炎，让皮肤又痛又痒。

小动物充电站

　　松毛虫是数量庞大、危害面广的主要森林害虫之一。它的天敌不少，有灰喜鹊、杜鹃、蚂蚁、螳螂等。它们总是排队行进，边爬边吐丝，后面的松毛虫沿着丝线行进。在行进过程中，如果领队被消灭了，排在它后面的那一只立刻主动补位，成为新的领队。到达目的地后，队列立刻自动解散，三三两两地啃食松针。吃饱后松毛虫会再次排队，循着丝路回家去。

小动物游乐园

　　把一些松毛虫用小木棍挑起来，放在花盆上，看它们是不是按整齐的行列前进。去掉最前面的松毛虫，再看它们如何行进。

chán
蝉，
夏日不辞辛劳的演奏家

别名：知了、蚂知了

尚尚日记

　　夏天，蝉叫声已经成为我们习惯欣赏的乐曲了。"爸爸，蝉的叫声这么洪亮，大树应该也很喜欢它们吧！"爸爸笑着说："这个你可猜错了。蝉在树上高歌的时候，其实是用肚子上的发音器来叫的。这时它的口器也不闲着呢。它会把口器刺入树皮吮吸树汁。于是口渴的蚂蚁、苍蝇、甲虫等便闻声而至，都来吮吸树汁和蝉排出的蜜露，然后蝉又飞到另一棵树上，再另开一口'泉眼'，继续为它们提供饮料。你想想，这么一来，树还能好好生长吗？其实，更坏的是蝉的幼虫，它的幼虫以蛀食大树的根，树干为食！"

　　原来，我们所陶醉的夏日歌王——蝉是害虫呢！

tui
观察蝉蜕是一件很有意思的事情，但是需要足够的耐心。当蝉蛹的背上出现一条黑色的裂缝时，蜕皮的过程就开始了。你会发现蝉将蛹的外壳作为基础，慢慢地自行解脱，就像从一副盔甲中爬出来。整个过程需要一个小时左右。

小小观察站

有机会捉到一只蝉，仔细观察它是如何发声的。

小动物充电站

夏天，我们总是能听到蝉"撕心裂肺"的叫声。它们躲在茂密的树叶中大声地嚷嚷"热啊——热啊——"。这些"怕热"的小家伙其实都是雄蝉，它们的腹部有发音器，能连续不断发出尖锐的声音。而雌蝉不发声，却在腹部有听器。原来雄蝉大声地叫嚷并不是抱怨天气太热，而是唱着雌蝉最爱听的歌，吸引雌蝉来到自己身边。

小朋友，你知道吗，蝉在遇到攻击时会"拉肚子"，其实是它们急促地把贮存在体内的废液排到体外，一方面可以减轻体重以便起飞，另一方面是用脏脏的废液恶心敌人，起到自卫的作用。

tui
蝉蜕，就是蝉脱下的壳，可做药用。▶

là chán
斑衣蜡蝉，
虫大十八变

别名：椿蹦、椿皮蜡蝉、斑蜡蝉

佩佩日记

　　放学路上，我发现很多树的树干上和树底下都有很多大花虫子，它们的翅膀上有灰色的粉末，有的虫子半张着翅膀，翅膀的颜色有红色和蓝色或者棕色，乍一看这些虫子挺漂亮的。它们有的"嗖"一下从一棵树上飞到另一棵树上，还有的在地上蹦蹦跳跳。后来我才知道这是斑衣蜡蝉，是一种害虫，专门吃各种植物的叶子。不过它也是药用昆虫，晒干后可以入药了。真希望学校尽快把这些斑衣蜡蝉处理掉，以免咬伤为我们遮阳的树木。

斑衣蜡蝉飞翔时，露出鲜艳的
颜色，也有人叫它花姑娘。▶

小小观察站

色彩鲜艳的斑衣蜡蝉中哪些是雄
虫，哪些是雌虫？

树上的蛾子颜
色鲜艳，好漂
亮啊！

这是斑衣蜡蝉，
也叫椿蹦，臭椿
树是它们最喜欢
待的地方。

小动物充电站

斑衣蜡蝉从小到大的样子变化非常大。它小时候的身体是黑色的，上面有
许多小白点，稍微大些时身体是通红的，上面有黑色和白色斑纹。长大后的
斑衣蜡蝉翅膀根部是红色的，雄性翅膀是蓝色，雌性翅膀是米黄色，翅膀打
开时，颜色很鲜艳。斑衣蜡蝉最喜欢臭椿，所以也叫椿蹦。它们的飞翔力较弱，
但善于跳跃。

这是蜡蝉科的长鼻蜡蝉，也很常见。它
虽然色彩亮丽，却是为害果树的害虫。
▼

这是一种常见的，主要为害植物叶片的害
虫——叶蝉。它的体形跟斑衣蜡蝉差不多，
但属于同翅目的叶蝉科昆虫。

蝴蝶，
一条毛毛虫蜕变的美丽

别名：浮蝶儿

佩佩日记

　　在蝴蝶乐园，我们先参观了养殖蝴蝶宝宝的温室大棚。在那里，各种美丽的蝴蝶还处于幼年，是一只只的毛毛虫！接下来，我们又到了蝴蝶成虫的棚里。这里面翩(piān)翩飞舞的各种蝴蝶，有幽蓝色的闪蝶，有华丽的金斑蝶，还有善于伪装的枯叶蝶。它们居然飞到我们的胳膊上、肩膀上来欢迎我们！

　　我轻轻捏住一只蝴蝶，松开后发现我的手上沾了一层粉，而蝴蝶的翅膀上被我捏过的地方有点透明了。我的心里有些难过，真担心因为我的不小心而伤害了它。让我感到欣慰的是，那只小蝴蝶在一片树叶上停留了一小会儿，就扑闪着翅膀飞走了。

小小观察站

蝴蝶与飞蛾有什么区别呢？蝴蝶的翅膀为什么那么美丽？

小朋友，如果有蝴蝶在你身上停留，一定不要赶走它，而要好好地感受与它的亲近哦！ ▶

小动物充电站

蝴蝶的翅膀为什么那么漂亮？因为翅膀上覆盖着一层细小的鳞片。这些鳞片不仅能使蝴蝶外形艳丽，而且还是一件雨衣，即使天空中下起了小雨，它也照样能在雨中飞行。不过，蝴蝶翅膀上的小鳞片并不像鱼的鳞片那么紧密、结实，而是比较松软地吸附在翅膀上。如果你用手轻轻捏它的翅膀，就会发现手指沾上了许多白色或彩色的粉末，那就是掉落的鳞片。

正因为这美丽的翅膀，所以我们才能区分蝴蝶与飞蛾，蝴蝶在白天活动，而飞蛾在夜间活动；蝴蝶的色彩和图纹比飞蛾更醒目、更美丽。

pí
蜱虫，
吸血变大的寄生虫

shī
别名：壁虱、扁虱、草爬子

佩佩日记

蜱虫能吸人的血，后果还挺严重。万一遇到蜱虫怎么办？自然课上老师详细地介绍了蜱虫的生活习性和预防办法。老师告诉我们，去玩的时候要穿长衣长裤，不要裸露皮肤，万一被咬，不能拍打，也不能硬拔，要马上用镊子等工具将蜱虫夹走。原来去旅游不是一件简单的随便玩玩的事情，要备好常用工具和应急药品哦。

小小观察站

　　蜱虫什么时候很干瘪，什么时候又
圆又大？它是怎么找到吸血目标的？

蜱虫吃饱后，身体就鼓了起来，又圆又大。

爸爸，我们在山林徒步时为什么要把裤管扎进袜子里？

为了防止蜱虫和蛇等动物咬伤我们啊！

小动物充电站

　　蜱虫的幼虫、若虫、雌雄成虫都吸血，是名副其实的"吸血鬼"。它不吸血时身体很干瘪，只有绿豆般大小，有的还瘦得细细长长像米粒，但它疯狂吸饱血液后，就会变得像饱满的黄豆，有的特别贪吃的蜱虫还能变得像人的指甲盖那么大。

　　蜱虫一般蛰伏在浅山丘陵的草丛里，或寄宿在牲畜等动物的皮毛间。它尤其喜欢躲在黄牛的脖子下方和四条腿内侧，把黄牛当作自己的"移动补给站"，肚子饿了就吸食它的血液，吃饱喝足了就跟着黄牛四处观赏风景，真是好逸恶劳的吸血寄生虫。

xiē
蝎子，
杰出的建筑师

别名：全虫

尚尚日记

　　蝎子是一种很厉害的动物，尾巴上有毒，而且还会蜇人。对我来说，抓蝎子是不敢想的，但爸爸小时候却玩过这种勇敢者的"游戏"。

　　爸爸说，夏天晚上蝎子很多。它们会从洞穴里出来在大土堆上乘凉。在晚上抓蝎子需要拿着灯照明。如果是白天抓它们，就得把土扒开了。当然，白天和蝎子斗智斗勇更安全一些，因为容易躲避它们尾巴上的毒刺。据说蝎子怕风，如果它准备逃跑，就冲它吹一大口气，它就不动了。抓的时候可得小心，要先戴好手套，然后用镊子夹住它的尾巴，这样就能先发制人，把它的毒尾巴控制住了，然后再把它拎到袋子里。袋子也是特制的，有一层比较硬的内胆，避免尾巴刺出袋子伤人。

　　我真佩服爸爸小时候的勇敢和机灵。

小小观察站

蝎子有毒吗？它最厉害的部位是它前面的两个钳子吗？

小动物充电站

蝎子大多生活于片状岩并杂以泥土的山坡上，昼伏夜出，多在日落后至半夜间出来活动。它们有冬眠习性，一般在 4 月中下旬，即惊蛰以后出蛰，11 月上旬便开始慢慢入蛰冬眠，全年活动时间有 6 个月左右。蝎子没有耳朵，几乎所有的行动都是依靠身体表面的感觉毛。感觉毛十分灵敏，能察觉到极其微弱的震动，就连气流的微弱变动都能察觉到。它主要靠前面的两只大钳捕食，而尾针主要是用来防御的。它捕食的对象包括节肢动物、蜥蜴甚至小型啮齿动物。

这是蝎子用来防御的尾针，将其刺入敌人的身体时会释放毒素。

cì wei
刺猬，
会打呼噜的小动物

别名：刺团、猬鼠、偷瓜獾^{huān}

别名：刺团、猬鼠、偷瓜獾

佩佩日记

在爷爷看来，刺猬是一种有仙气的动物，不能轻易伤害。事实上，刺猬也是一种对人有益的动物，因为它们可以除掉很多害虫。其实，刺猬被说成是有仙气，还有一个原因，就是它们会像人一样咳嗽和打呼噜。爷爷说，以前有人走夜路时，经常听到和人一样的咳嗽声，有时会吓一跳，其实可能就是附近的刺猬。

现在人类的活动范围越来越大，刺猬这样的小动物已经失去了很多栖身的地方。我真希望能多开辟出一些森林公园之类的地区，让野生动物们也有属于它们的乐园，可以尽情享受在大自然中的快乐生活。

小小观察站

刺猬为什么被老人们称为"大仙"？刺猬宝宝身上的刺会把妈妈扎疼吗？

当遇到敌人袭击时，刺猬的头就朝腹面弯曲，身体蜷缩成一团，包住头和四肢，浑身竖起棘刺，使袭击者无从下手。

小动物充电站

刺猬是一种性格非常孤僻的动物，住在灌木丛内，会游泳，胆小易惊，通常黄昏后才出来活动，最喜爱的食物是蚂蚁和白蚁，也吃蠕虫、幼鸟、鸟蛋、蛙、蜥蜴等。它们行动迟缓，但有一套保护自己的本领，全身的刺就是有力的武器。

小动物游乐园

小朋友可以利用身边的小物件或水果，模仿刺猬身上的长刺，做出可爱的刺猬手工。

用水果制作的刺猬，可爱吧？

用杏和牙签制作的刺猬，像吗？

松鼠，
贮存粮食的专家

别名：吊老鼠、栗鼠、灰鼠

尚尚日记

　　妈妈买回来的这只金花松鼠，身体背部有纵条的花纹，特别好看。我和佩佩争先恐后要照顾它。它吃东西的时候特别有趣，会用两只前爪把坚果抱在胸前，用坚硬的牙咬碎外壳，然后抠出里面的仁吃。我们近距离地看着它吃。它一点都不害怕，似乎也很喜欢我俩。

　　妈妈说，松鼠是很擅长贮存食物的动物，天气转凉的时候就会收集松子、榛子等，埋在地下。等下雪时，没有其他食物吃了，它就会顺着气味找到贮存的食物挖出来充饥。没想到，小松鼠是这么聪明的动物！

松鼠吃东西的时候用两个前肢抱着。此时即使受到惊吓，它也不会轻易扔掉食物，而是抱着逃跑，样子可爱极了！

小小观察站

小松鼠毛茸茸的尾巴那么大，有什么作用吗？坚果的壳那么硬，它们怎么吃？

小动物充电站

松鼠身体细长，被柔软的密长毛反衬显得特别小，是典型的树栖小动物。它四肢细长，后肢更长，指、趾端有尖锐的钩爪。它眼大而明亮，耳朵长，耳尖有一束毛，尾毛多而蓬松，常朝背部反卷。

松鼠喜欢在山坡或河谷两岸的树林中栖居，喜欢单独在树沿中居住，有的也在树上搭窝。白天善于在树上攀登、跳跃，蓬松的长尾起着平衡的作用。跳跃时用后肢支撑身体，尾巴伸直，一跃可达十多米远。松鼠不冬眠，但在大雪天及特别寒冷的天气，会用干草把洞封起来，抱着毛茸茸的长尾取暖，可好几天不出洞，天气暖和了再出来觅食。

寒冷的时候，松鼠就会把毛茸茸的尾巴盖在身上取暖。

兔子，
温顺的小伙伴

别名：无

佩佩日记

过生日时，妈妈送我两只小兔宝宝，很可爱。根据兔毛的颜色我给它们分别取名叫小黑和小白。虽然它们个头儿小小的，食量却不小。它们的三瓣小嘴巴一刻都不闲着，似乎一整天都在动，看起来好像在小声嘀咕："我们的新家真漂亮！我们的小主人真好！"尤其是三瓣嘴的缝隙里还经常有意无意地露出兔牙，简直太可爱了！

我每天为它们准备好几种蔬菜，但它俩似乎有些挑食，最喜欢的食物是白菜叶和胡萝卜。小兔子们在我的照料下很快长大了，不但看起来非常健壮，而且对我这个小主人也非常友好，很乐意和我玩耍，这让我很开心。

小小观察站

　　没听到过兔子的叫声吧，它们会叫吗？

　　提示：兔子会发出类似咕咕的声音，只有在受到严重惊吓和疼痛时才会叫。

兔子的三瓣嘴，吃起东西来一动一动的非常有趣。

佩佩，你看，今年的生日礼物是什么？

哇！是我最想要的小兔子！太好了！谢谢妈妈！

小动物充电站

　　兔子是一种很胆小的动物，突然的喧闹声、生人和陌生动物的出现都会使它们惊慌失措，它们会奔跑和撞笼。有一个成语叫"狡兔三窟"，是说兔子的警惕性很高，它们一般有很多洞，以此躲避敌害。在冬天它们会沿着自己的脚印返回。兔子很温顺，但"兔子急了会咬人"这句话一点也不假。例如，兔妈妈刚生完宝宝，如果接近它，它就可能主动攻击人，因为它的领地受到了威胁。

yòu
黄鼬，
捕鼠能手

别名：黄鼠狼、黄狼、黄皮子

尚尚日记

　　傍晚时分，我和佩佩在院子里玩，忽然看到墙角处有一只尖头的小动物一闪而过。佩佩说是老鼠，我看它比老鼠大得多。我俩就这样争论起来。爷爷走过来，说肯定是黄鼠狼。我们面面相觑，谁也不清楚黄鼠狼是什么动物。

　　爷爷告诉我们，黄鼠狼的样子有点像缩小的狐狸。它有时偷小鸡小鸭吃，所以有"黄鼠狼给鸡拜年，没安好心"的说法，但其实它的主要食物并不是鸡，而是老鼠。它很狡猾，身体特别柔软，善于钻缝，动作迅速，所以人们很难清楚地看到它们的样子。看来，这个身手敏捷的捕鼠能手非常善于隐藏自己的行踪。

黄鼠狼身体细长，善于钻缝隙，人们形容黄鼠狼没骨头，就是指无论多狭窄的地方，它都能轻易钻过去。

小小观察站

黄鼠狼为什么要放臭气？

爷爷，您写毛笔字用的狼毫毛笔，是狼的毛做的吗？

哈哈，我们通常说的狼毫笔，其实不是狼的毛做的，而是黄鼠狼的尾巴毛做的。

小动物充电站

　　黄鼠狼是一种小型肉食动物，生活在平原、沼泽、河谷、村庄、城市和山区。它们是夜行性动物，尤其在清晨和黄昏时活动频繁，有时也在白天活动。通常它们单独行动，能贴地前进，也能游泳、爬树，可以说善于飞檐走壁。

　　黄鼠狼主要吃鼠类，偶尔吃其他小型哺乳动物。它能大量捕食鼠类，一年可吃 1 500~3 200 只老鼠，所以它是对人类有益的动物。它的体内有臭腺，可以排出臭气，在遇到威胁时，能放出臭气麻痹敌人。

biān fú
蝙蝠，
真的会吸血吗

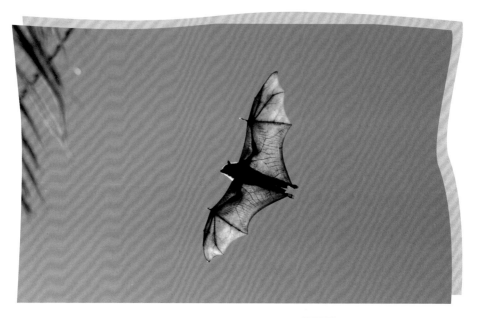

别名：天鼠、天蝠、飞鼠

佩佩日记

夏天的夜晚，蝙蝠喜欢围着路灯盘旋，但又不会停留一刻来让人们看清楚它的样子。我只能从图片上认识它。它小小脑袋上竖起的耳朵和略尖的嘴巴还真像一只大老鼠，怪不得有飞鼠的绰号。

据说它们住在黑暗的洞穴里还能穿梭自如，这就给人们足够的想象空间，把它们的形象加工成吸血蝙蝠、蝙蝠侠什么的。这些形象有的正义而本领高强，有的令人毛骨悚然。不管怎样，作为哺乳动物中唯一可以飞行的动物，蝙蝠的独特本领还是让人刮目相看！

小小观察站

蝙蝠为什么能在黑暗的洞穴中飞行？它们不会撞到墙壁上吗？

我在书上看到有吸血蝙蝠，好可怕。蝙蝠都会吸血吗？

别担心，绝大部分种类的蝙蝠并不吸血。它们的食物是果实或花蜜，也有的捕食昆虫。

小动物充电站

　　蝙蝠的样子看起来像是长翅膀的老鼠，是唯一真正能够飞翔的兽类。它虽然没有鸟类的羽毛和翅膀，飞行本领也没法和鸟类相比，但它的前肢十分发达，具备叫作翼手的飞行器官。翼手上有一层皮膜，展开后就是一对非常大的翅膀。

　　它常年居住在洞穴中，在黑暗的光线下能自由飞行，这是由于它的回声定位系统在发挥作用，因此，蝙蝠有"活雷达"之称。借助这一系统，它能够在完全黑暗的环境中飞行和捕捉食物。蝙蝠能连续不断地发出高频率生物波。如果碰到障碍物或飞舞的昆虫时，生物波就能反射回来，被它们超凡的大耳廓接收和分析。

蝙蝠的前肢连着又宽又大的翼膜，后肢又短又小，并被翼膜连住。因此，蝙蝠可随时倒挂着，一旦有了危险，便能轻易地伸开翼膜起飞。

蛇，
令人恐怖的杀手

别名：小龙、长虫

尚尚日记

　　要问佩佩最怕什么，她的答案肯定是蛇。每次爸爸妈妈带我们一起去动物园，佩佩总是不愿意参观爬行馆。她说她一想到蛇的样子，就怕得瑟瑟发抖。

　　虽然我也有点儿怕蛇，但我是属蛇的，再怎么说我也是小男子汉，而且蛇作为自然界里种类繁多的爬行动物，它们也有自己的美丽之处。尽管蛇的外表看起来凶残冷漠，但我常在新闻里看到一些热爱动物的人把蛇当宠物，也经常听说蛇英勇救护主人的奇闻。不管怎样，蛇也是人类的朋友，生活在地球上的每一种生物我们都应该爱护。

在野外游玩的时候，要小心蛇出没。

蛇类有换皮的习性，称为蜕皮。它们终身都存在蜕皮现象，就像一件衣服穿小了，脱下来换上更大的一件一样。

小小观察站

蛇没有脚，是怎么走路的？ 蛇为什么要蜕皮？ 蛇是怎样吞下比自己头部大得多的动物？

我最害怕蛇了，它们不仅凶残、冷冰冰的，而且有毒。

其实大部分蛇是没有毒的，不过遇到蛇的话，还是小心为好。

小动物充电站

蛇是非常令人生畏的动物。人们对它的恐惧除了那冷冰冰的身躯之外，主要来自蛇毒。其实，有毒的蛇和无毒的蛇可以从一些特征来区分。毒蛇的头一般是三角形的，无毒的蛇头部是椭圆形的；有毒的蛇通常有非常显眼的警戒色，无毒的蛇的颜色通常比较暗。蛇毒主要来自毒腺，毒腺能分泌毒液，毒液实际上就是蛇的消化液。世界上最大的毒蛇是眼镜王蛇，最长的眼镜王蛇有 6 米。

zhuó
啄木鸟，
尽职的森林医生

别名：森林医生

尚尚日记

我们观鸟小分队这次的目标是大家非常熟悉又常见的啄木鸟！伴随着一阵"笃、笃"声，我们用望远镜四处搜索，最终在不远的一棵树上锁定了啄木鸟的身影。

啄木鸟头上的羽毛像戴着一顶红色的礼帽，背上的羽毛像棕色的马甲，肚子上则露着雪白的衬衣，黄色的嘴巴又尖又长。它的红爪子紧紧地扣住树干，嘴不停地啄着树干，头部前后晃动，就像在认真地奏乐。它啄一会儿后又围着树干转着圈往上爬一段，然后继续啄。据说啄木鸟会通过这种方式把隐藏在树干深处的虫子赶出来吃掉。有时候遇到虫子特别多的病树，它要辛苦一两天才能为一棵树消灭完害虫，然后再转到另一棵树上。它真是名副其实的森林医生！

小小观察站

啚木鸟为什么能吃到坚硬树皮下的虫子？

啚木鸟不像别的鸟儿站立在树枝上，它是攀缘在直立的树干上的。

奶奶，你听，树林那边传过来的"笃、笃"声是什么？

听起来像是啚木鸟在给大树治病。

小动物充电站

啚木鸟是森林里有名的益鸟，一对啚木鸟可以负责 10 多公顷的森林，让这片森林不发生虫害。它们有又硬又尖的长嘴，不仅能啚开树皮，而且也能啚开坚硬的木质部分，很像木工用的凿子，它们的舌头细长而柔软，像弹簧一样能长长地伸出嘴外，把虫子钩出后吃掉。它们敲击树干"笃、笃"作响，通过声音能准确寻找到害虫躲藏的位置。

猫头鹰，
夜晚的闪电侠

别名：夜猫子

尚尚日记

　　人们都说猫头鹰是不祥之鸟，可我觉得它非常棒，而且是夜里的闪电侠！可能是它们总在夜间活动，飞时像幽灵一样飘忽无声，叫声像鬼魂一样阴森凄凉，使人觉得恐怖，古时叫它恶声鸟，所以人们觉得它是神秘而可怕的动物。事实上，猫头鹰是夜里的闪电侠！它本领高强，是鼠类的天敌，所以对我们人类很有益。它们虽然是色盲，但视觉敏锐，在漆黑的夜晚，能见度比人高出100倍以上，站在树上时下面发生的一切都瞒不过它的眼睛。一旦发现老鼠、蜥蜴等猎物，它就会闪电般地从天而降，通常猎物还没反应过来，就被它钢钩一样的爪子牢牢地抓住，再也别想逃脱了。

小小观察站

猫头鹰为什么要不停地转动头部？

◀ 猫头鹰是色盲，也是唯一不能分辨颜色的鸟类。

小动物充电站

　　猫头鹰的名字非常形象，脸盘又圆又大，两边各有一簇^{cù}耳羽，看起来和猫极其相似。其实，那两簇耳羽可不是它的耳朵。它的耳孔位于头部两侧，分布和形状并不对称，这有利于在黑暗中准确定位声音的来源。有意思的是，它的眼睛被固定在眼窝里，根本无法转动，所以要不停地转动脑袋。还好，它有一个转动灵活的脖子，使脸能转向后方。猫头鹰的食物以鼠类为主。它有吐食丸的习性，即常常将食物整个吞下去，然后将不能消化的骨骼和羽毛等残物渣滓集成块，形成小团经过食道和口腔吐出。

这是一只谷仓猫头鹰，具有带白色的腹部和带弯曲线条的黄棕色顶部，因而非常好认。 ▶

乌鸦，
被误会的高智商鸟儿

别名：老鸹^{guā}、老鸦、胖头鸟

尚尚日记

　　乌鸦一身漆黑，长得难看，叫声也很难听，所以，大家都不喜欢它。有时候奶奶会说："今天听到乌鸦叫了，真不走运！"

　　今天，老师给我们详细介绍了乌鸦的特点和习性，我对它有了全新的认识。老师说，乌鸦预示着灾难这一说法没有科学根据。乌鸦虽然全身黑，并不漂亮，但是它们很聪明。乌鸦喝水说的就是聪明的乌鸦懂得把石子投进瓶里，让水面上升，成功喝到水的故事。人们还经常用乌鸦反哺来教育小朋友要懂得孝顺父母。那是小乌鸦长大后照顾年老的爸爸妈妈的故事。有机会，我要把这些知识告诉奶奶，让她也更了解乌鸦。

乌鸦喜欢吃腐食，能清理一些农业垃圾和动物尸体，起到净化环境的作用。

小小观察站

乌鸦真的会反哺吗？

提示：乌鸦在母亲的哺育下长大后，当母亲年老体衰不能觅食时，它的子女就会到处寻找食物，衔回来后嘴对嘴地喂到母亲口中，一直到老乌鸦临终，再也吃不下东西为止。乌鸦在养老、敬老方面堪称动物中的楷模。

为什么人们说"乌鸦叫，祸来到"？

很多人看到乌鸦难看、叫声难听就担心不吉利，这是不科学的，乌鸦其实是一种有灵性的鸟。

小动物充电站

我们在公园和城区的树上经常能看到乌鸦的身影。由于它外表漆黑，叫声也不悦耳，性格凶悍，有侵略性，经常攻击其他小型鸟类，加上喜欢吃腐肉的特性，所以不讨人们的喜欢。但它们却是非常聪明的鸟儿，具有独到的使用甚至制造工具达到目的的能力，甚至还能够根据容器的形状准确判断所需食物的位置和体积。乌鸦喝水的故事就寓示了它们思维的巧妙。

八哥，
会说人话的聪明鸟

别名：鹩哥、鹦鹆、寒皋
liáo yù gāo

尚尚日记

　　八哥没有鹦鹉那样华丽多彩的羽衣，歌喉也不是很悦耳，但它非常聪明，尤其善于模仿人类说话。舅舅养了一只八哥，每天都教它说话。久而久之，八哥能说"您辛苦啦！""欢迎回家！"等简短的语言，非常好玩。今天，当我们来到舅舅家时，刚进门就见到黑乎乎、不起眼的八哥。可八哥用奇怪的嗓音对着我们大喊："你好，我是八哥，你是谁？"把我和佩佩乐得都直不起腰了。

小小观察站

　　八哥和乌鸦都是全身黑色，小朋友，你能分辨出八哥和乌鸦吗？

　　提示：八哥的体型比乌鸦小，喙和爪呈鲜黄色。在飞行过程中两翅中央有明显的白斑，从下方仰视，两块白斑呈"八"字形，这也是八哥名称的来源，也是八哥的一个重要辨识特征。

有一句歇后语：八哥的嘴巴——随人说话，能说会道。小朋友，你知道是什么意思吗？

小动物充电站

　　八哥爱成群结队地栖居在平原的村落、田园和山林边缘。它们时而立在水牛背上，时而集结于大树上，时而成行站在屋脊上。

　　野生的八哥食性比较杂，它往往追随农民和耕牛后边啄食犁翻出土面的蚯蚓、昆虫、蠕虫等。它还时常啄食牛背上的虻、蝇和壁虱。而八哥的植物性食物多数是各种植物及杂草种子、蔬菜茎叶等。

八哥的巢穴。

除了八哥，鹦鹉学舌也是有名的。鹦鹉有美丽的羽毛，而且能说话，常被作为宠物饲养。

大雁，
出色的空中旅行家

别名：鸿雁、雁鹅、野鹅

尚尚日记

　　天变冷了，大雁又要长途跋涉（bá shè）去南方过冬了。爸爸说，它们一路上非常辛苦，但非常团结。队伍里的老弱病残绝不会被抛弃，而是被安排在队伍中间相对节省体力的位置，由大家来关照。辛苦的头雁位置也会轮流担当，大家都服从队长的安排。当它们飞累了就会在水边休息。大家喝水觅食的时候，会有一只有经验的老雁站岗放哨，一旦有危险就会及时报信，以保证全体成员的安全。大雁真是一种值得钦佩的动物，它们严格遵守纪律，互相团结，又互相帮助，值得我们人类学习呢。

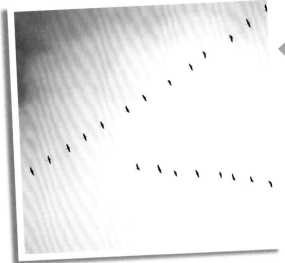

大雁每一次迁徙（xǐ）都要经过 1~2 个月的时间，途中历尽千辛万苦。

大雁热情十足，能给同伴鼓舞，用叫声鼓励飞行的同伴。

小小观察站

大雁的队伍什么时候变成"人"字形，什么时候变成"一"字形？

妈妈，大雁飞行时为什么要一会儿排成"人"字形，一会儿排成"一"字形？

大雁那样排队是为了让全体成员都能够比较省力地飞行。

小动物充电站

　　大雁就是野天鹅。它们春天往北飞，秋天往南飞。在迁徙时，总是几十只、数百只，甚至上千只汇集在一起，排队飞翔。它们一边飞，一边发出"啊——啊——"的叫声，彼此召唤照应。队伍由有经验的头雁带领。加速飞行时，队伍排成"人"字形，减速后变成"一"字形。领队的头雁比较辛苦，飞翔时产生的气流能让排在它后面的大雁依次利用，节省体力，但头雁因为没有这气流可利用，所以很快就飞累了，因此，在长途迁徙的过程中，雁群需要经常地变换队形，由年轻力壮的大雁轮流当头雁为大家服务。

Part 4

依水而生的水边动物

有的动物喜欢生活在潮湿黑暗的地下世界；有的喜欢和人类共享空间；有的喜欢远离人烟的自在山林；还有的则中意清凉的水边。在小河、小溪、湖泊的周围，一些依水而生的动物正为它们的快乐生活辛勤忙碌。嘘！不要打搅它们，让我们来静静走近它们，了解它们吧！

豆娘，
是另一种蜻蜓吗

别名：蜻蛉 *líng*

佩佩日记

　　我们在小溪旁发现了一只异常美丽的小"蜻蜓"正翩翩起舞。妈妈却说那不是蜻蜓，而是一种和蜻蜓外表长得很相似的昆虫——豆娘。我仔细观察，发现这个小精灵的身体是绿色的，带有金属般的光泽，翅膀是蓝色的，带有珠光，而两只复眼分得很开，一点不像蜻蜓并在一起的复眼。

　　不知不觉中，我完全被豆娘曼妙的舞姿迷住了，对它来说飞行就像是一种艺术，纤细的身躯从容而优雅。正在我看得如痴如醉的时候，豆娘腰肢一转，飞到树林里去了，不过我已经记住了这位美丽而优雅的舞者！

豆娘的两只复眼距离很大，外形是不是像一个哑铃？

小小观察站

如何区别豆娘和蜻蜓？

小动物充电站

　　豆娘是各种水域旁常见的昆虫，和蜻蜓长得很相像，但也很好区别。如果仔细观察，就会发现蜻蜓的复眼大部分是彼此相连或只有小距离的分开。而豆娘的两只复眼距离很开，外形像一个哑铃。而且，蜻蜓在停下来休息的时候，会把翅膀平展在身体的两侧，而豆娘则会把翅膀合起来直立于背上。别看豆娘一副弱不禁风的样子，它可是肉食性的昆虫哦！不过因为它们体型比较小、飞行速度较慢，所以只能捕食体型微小的蚊、蝇和蚜虫、飞虱等昆虫。

小动物游乐园

　　豆娘幼虫经常在庭院里的鱼缸中出现，外形酷似一只小虾。它以鱼缸里的其他小动物为食。观察它在水中的活动是一件非常有趣的事情。

两只正在交尾的豆娘。

石蝇，
水质监测器

别名：石蝼(lóu)

　　10年前，爷爷家附近的小溪水质非常好，现在，水中出现了一些垃圾和沉淀物，水质已经浑浊了。爸爸说，水质监测不仅可用仪器，还可以通过水生昆虫的种类和数量进行监测，因为水生昆虫对水中的化学成分非常敏感。

　　我们在山中溪流的一块岩石下面发现了一种身体瘦长的黑色昆虫，爸爸说那是石蝇，经常栖息在瀑布、溪流的岩石下面。现在发现它们，说明这条小溪的水质还没有被污染。我很高兴，决心以后多学习环保知识，让我们的溪水更清澈，让空气更新鲜！

小小观察站

石蝇为什么能用来监测水质？

爸爸，你在小溪边找什么呀？

我在找这里有没有石蝇，要知道，水质好的地方才有这种虫子呢！

小动物充电站

　　石蝇的宝宝大多生活在通气良好的水域中。它们以水中的蚊类幼虫、小型动物以及植物碎片、藻类等为食物。石蝇对维持生态平衡及水体净化具有一定作用。

　　石蝇等水生昆虫对影响水质的污染源特别灵敏，只要通过观察昆虫种类的变化就可以在第一时间内了解到水质的状况，所以生态学家把石蝇称作水质的活检测剂。

mǐn

水黾,
水面上的长腿舞者

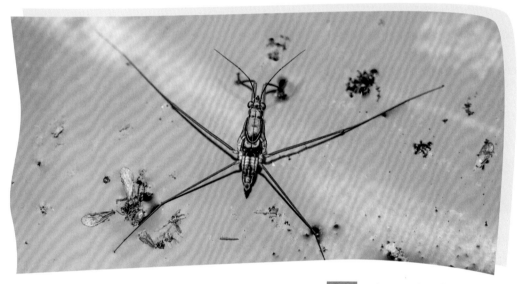

别名：水马、水蜘蛛、水蚊子

尚尚日记

　　水黾真是一种神奇的昆虫。我第一次看见它们的时候，它们正成群结队地在池塘水面上悠闲地散步；不一会儿，它们又开始轻松地跳跃，既不沾湿自己的脚，也不划破水面，就像一个滑冰运动员那样轻盈。它们为什么能有这样的"绝世轻功"呢？原来它们的腿上有一种油脂，能起到防水的作用。

　　爸爸告诉我，如果通过显微镜来看，水黾的腿上能看到数千根绒毛，这就是它表演水上漂的绝技。据说现在已经有模仿水黾原理的机器人了，这种机器人能应用在环境监测、通信等领域。从古至今，我们人类已经从动物身上学到了无数有价值的东西，大自然真是我们最好的老师！

水黾的身体非常轻盈，能在水面上迅速变换位置。它的大长腿功不可没。◀

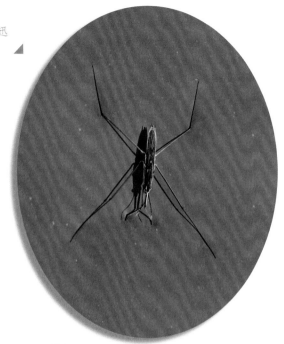

小小观察站

水黾有几对足？为什么能站在水上？

水面上有好大一只蚊子呀！

那是一只水黾，和蚊子相似的是，它的嘴也是吸管状的。

小动物充电站

水黾常成群栖息于静水面或溪流缓流的水面上。身体细长，非常轻盈；前脚短，可以用来捕捉猎物；中脚和后脚细长，长着具有油质的细毛，具有防水作用。它们的腿上有非常敏感的器官，能感受到落入水中的昆虫的挣扎，这时就会滑动中间的两条腿，在水面上高速运动，每秒能前进 1.5 米。它们还善于跳跃，跳得又高又远。它们的嘴是吸管状的，落入水中的小虫、死鱼或昆虫是它们的食物。

zhì
水蛭，
躲在水中的吸血鬼

别名：蚂蟥

尚尚日记

　　我们在水边玩耍的时候，有可能遭遇水蛭。万一被它们咬到，千万不能用手硬拔，奶奶说用盐水洒在水蛭身上是个不错的办法。因为水蛭身体里水的比重很大，当它们碰到盐后，身体外面会形成浓厚的盐溶液，由于体外的高渗作用，体内的液体不断往外流。这时它们全身会不断收缩，体内的黏液被吸干，它们就逐渐变得干瘪，最后就死去了。看来，盐水是快速制服它们的有效武器！

水蛭的身体是圆柱形或纺锤形的。它的嘴巴很厉害，像强力吸盘一样可以紧紧地吸附在动物或人身体表面吸食鲜血。

小小观察站

为什么水蛭吸血后让人血流不止？

小动物充电站

　　水蛭的"老巢"多在溪边杂草丛中，尤其是在堆积有枯木烂叶和潮湿隐蔽的地方。它们平时潜伏在落叶、草丛及石头下、水草丛中和水稻田里，找机会吸食人和动物的血。它们会分泌一种天然抗凝血酶，使得伤口血流不止。水蛭虽然可恶，但却是一种传统的特种药用水生动物。随着农药、化肥的滥用，以及废水污染环境，现在自然界的水蛭比以前少多了。

盲蜘蛛，
叫蜘蛛却不是蜘蛛

别名：长脚蛛

佩佩日记

　　很多我们平时看到的、非常不起眼的动物其实都有着很不平凡的一面。盲蜘蛛就是这样一种动物。它们和蜘蛛很像，但却不是蜘蛛。今天在一个报纸上看到报道，说它们的腿长可达到身长的 20 倍，而且非常容易折断。它们折断自己的腿大都是了为了吓唬敌人，可惜的是，腿折断后再也不会长出新腿了。据说有人发现一只盲蜘蛛，距今至少已有 4 000 万年历史。天哪！盲蜘蛛能够在那么多年里保持原有的样子，同时适应变化后的环境，真是太厉害了！看来和庞大的恐龙比起来，这种微小的动物似乎更具有生存优势呢！

小小观察站

盲蜘蛛和蜘蛛有什么区别？它们也会吐丝结网吗？

看啊，树上有一只蜘蛛，它的脚好长啊！

那是一只盲蜘蛛可不是蜘蛛哦！

小动物充电站

盲蜘蛛主要生活在水草中，有时候在家中也会发现它们的身影。它们长有长长的、高跷式的腿和分段的腹部，但没有丝腺，所以不能结网。每条腿上有7个关节，这使得它们的腿非常地结实牢固，并且能保证它们在叶子和草上快速地移动。

盲蜘蛛和蜘蛛是近亲，但不是蜘蛛。它也没有蜘蛛那么纤细的腰部。它们主要以食小昆虫、腐烂的动物，以及水果和蔬菜的汁为生。位于其背甲处的一对腺体能分泌出一种气味难闻的物质，这种物质可以使捕食者远离它们，从而保护自己。

盲蜘蛛不会叮咬，对人类没有危害。▶

hòu
鲎，
一种很古老的动物

别名：水鳖子、王八盖子、马蹄子

尚尚日记

　　表弟看到我的古动物画报里有"鲎"这种动物，就嚷着说，他们家乡内蒙古自治区的河中也有。一开始，我坚决地反驳了他。我说鲎是海里的，不可能跑到他们家附近的河里去。不过，表弟居然拉来姨妈支持他。姨妈看了看图片，困惑地说："确实有点像老家河里的'马蹄子'虫"。姨妈都这么说了，我只好去查阅资料。原来，除了海里生活的鲎鱼之外，还有一种古老的鲎虫，俗称水鳖子。它们是恐龙时代就有的动物，一直生活到现今，在内蒙古自治区的河里很常见。这下我们都明白了，再也不争论了。

小小观察站

为什么鲎虫也叫三眼恐龙虾？它们的历史有多久远？

鲎有一个很长很锋利的尾剑，是用于防御的武器。

鲎为什么又叫夫妻鱼？

因为雌雄鲎一旦结为夫妻，便形影不离，肥大的雌鲎常常驮着瘦小的丈夫蹒跚而行。

小动物充电站

鲎从 4 亿多年前问世至今，仍然保留了原始而古老的相貌，所以有人叫它活化石。它们有点儿像螃蟹，身体呈青褐色或暗褐色，包被硬质甲壳，有 4 只眼睛，对紫外光特别敏感。虽然它们可以背朝下拍动腮片以推进身体游泳，但通常将身体弯成弓形，钻入泥中，然后用尾剑和最后一对步足推动身体前进。成年的鲎以小虾和小鱼为食。它们最大的特点就是有蓝色的血液。

小动物游乐园

鲎虫在池塘和雨后的积水坑里较常出现，小朋友，你敢抓鲎虫玩吗？

青蛙，
穿绿衣的歌唱家

别名：蛤蟆、蛙子

尚尚日记

　　爷爷说他们的小城附近突然出现了大量的小青蛙。它们成群结队地赶路，有的还成群过马路。大家议论纷纷，有人还猜测可能要发生地震。万一发生地震，爷爷、奶奶怎么办呢？

　　晚上，新闻里就播放了关于这次青蛙迁徙的事件。原来，大量小青蛙迁徙并不是地震前兆，而是小青蛙喜欢湿润的环境而搬家呢。当池塘周围的林木被采伐后，生存环境改变了，它们就会迁徙到其他适宜的地方。特别是在雨水充足的春天，大量青蛙产卵，蝌蚪孵化，所以迁徙的青蛙较多。看完新闻，我和佩佩终于松了一口气。

小小观察站

有机会仔细观察一下青蛙是如何逮蚊子吃的。

池塘里的小蝌蚪不见了，它们去哪了？

小蝌蚪长大后就变成了青蛙！青蛙藏在池塘边的草丛中抓蚊子，所以我们很难见到它们。

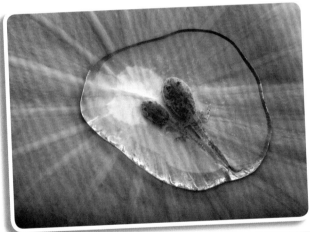

青蛙小时候是蝌蚪，用腮呼吸，长大了用肺呼吸，同时也用皮肤呼吸。

chán chú lài há ma
青蛙和蟾 蜍（癞蛤蟆）很像，它们统称蛙类，但蟾蜍大多在陆地生活，皮肤粗糙，而青蛙体形苗条一些，善于游泳。

▶ 青蛙是有益的小动物，观察完了，可要把它放回池塘里哦！

小动物充电站

　　青蛙栖息在水边，是消灭森林和农田害虫的能手。它们小时候只能生活在水中，长大后才可以到陆地上生活。它们用肺呼吸，也可以通过湿润的皮肤从空气中吸取氧气。皮肤里的各种色素细胞还会随湿度和温度的高低扩散或收缩，从而使肤色发生深浅变化。

　　青蛙捕食的时候趴在小土坑里，后腿蜷着跪在地上，前腿支撑。蚊子等飞过来，它们便向上一蹿，舌头一翻，就把蚊子卷到嘴里，速度极快。

◀ 青蛙是这样长大的！

pángxiè
螃蟹，
横行的蟹将军

别名：螯毛蟹、梭子蟹、青蟹

尚尚日记

　　我家的鱼缸中有一只小螃蟹，这只小螃蟹的身体只有一个鹌鹑蛋那么大，全身青绿色，肚子发白，眼睛还会往四周转动。它挥舞着两只大钳子，似乎随时准备战斗，很威风的样子。

　　小螃蟹从不挑食，无论是鱼虾还是菜叶，都来者不拒。我用一只小木棍碰碰它的腿，它马上就用钳子狠狠地夹住木棍，像是在说：这是什么东西，竟然敢惹我，看我的大钳子多厉害！它夹住木棍不放，我不得不把它从木棍上甩下去，仰面朝天地摔倒在盆里。看着它费力翻过身来的样子，逗得我哈哈大笑！

螃蟹的眼睛可以自由转动，而且伸缩自如。它们经常把自己埋在泥沙里，把眼睛伸到外面观察动静。如果看到敌人，它便把眼睛缩进壳里，一动也不动。

螃蟹离开水后并不会干死，因为腮里仍残存许多水分。它会吸进空气，再把腮里少许的水分连带空气一起吐出。这样就形成了许多气泡，变成了螃蟹吐泡泡。

小小观察站

螃蟹为什么会吐泡泡？

爸爸，为什么虾啊、螃蟹啊熟后会变成红色？

那是因为虾和螃蟹的外骨骼的色素内含有一种类胡萝卜素。这种色素就是红色的，熟后就显现出来了。

小动物充电站

　　虽然螃蟹和鱼一样用腮呼吸，但它的腮和鱼不同。它的腮是很多像海绵一样松柔的羽状腮片，长在身体上面的两侧。螃蟹呼吸时，会从身体后面吸进新鲜清水，在水中溶解的氧气，流过腮后从嘴的两边吐出。螃蟹虽生活在水里，但需要经常上岸觅食。它们不挑食，只要它的大螯能够弄到的食物都可以吃，当然，它们最喜欢的就是小鱼、小虾了。

寄居蟹，
背着房子去旅行

别名：白住房、干住屋

尚尚日记

　　我家的鱼缸里有几只神秘的小伙伴——寄居蟹！它们自从来到我家，就住在漂亮的海螺壳里。所以，一开始我就没见到它们的庐山真面目，只看到两只伸出壳外的大螯和几只细长的脚爪。

　　当它们逐渐长大时，爸爸便买来了新的海螺壳放在缸里。很快，它们便纷纷换上了更大的海螺壳房子。这时我才发现，原来它们长得既有点像虾，又有点像蟹，还有点像蝎子。它们从旧壳里退出来，爬到新螺壳附近，仔细地挑选，选好后尾巴先进去，然后慢慢往里退，短腿撑住螺壳内壁，留出长腿在外面用来爬行，两只大螯守住壳口，这样就成功地搬进了新家。看得出，它们非常喜欢自己的新房子！

寄居蟹食性很杂，以腐肉为主，只要是能找到的食物它们都吃，所以被称为海边的清道夫。

小小观察站

寄居蟹会选择什么样的壳作为它的新房子？

寄居蟹长大了，它捡来的壳住不下了怎么办？

它会搬家啊！把原来捡的壳丢掉，再找一个更大的新壳来住。

小动物充电站

　　大部分寄居蟹生活在水中，少数生活在陆地上。它们白天躲在沙子和石缝中，晚上出来活动。它们通常寄居在死去的软体动物的壳中，这样可以保护柔软的肚子。它们青睐的房子有海螺壳、贝壳等。当生态环境特别恶劣时，它们甚至用瓶盖来充当房子。随着不断长大，它们会换用不同的壳来寄居。

虾，
驼背弯腰

佩佩日记

　　早上，我和几个小伙伴在鱼网里放了一些剩菜剩饭作为诱饵，然后就等着虾入网了。中午，我们来到河边一收网，发现一些经不住诱惑的小鱼、小虾，已经在网里蹦蹦跳跳拼命挣扎了。河里的小虾很小，比我的小指头小得多，身体是淡棕色的，半透明。

　　别看捞虾容易，捉虾却是个难题。它们灵活得很，眼看就要捉住了，却一扭腰又跳到别处。通常都是我们几个人一起上阵，才能顺利地把它们捉住放进桶里。有时候运气好，还能捉到长有两只螯的大一些的虾，那时候我和小伙伴们都特别有成就感，高兴地带着我们的战利品回家。

小小观察站

虾和鱼在游泳的时候有什么不同？虾吃什么？

小动物充电站

虾是一种杂食性动物，几乎什么都吃，尤其喜欢荤食，像小虫子，或者更小的虾、鱼、田螺、蚌等。它们的身体是半透明的，并且有像扇子般的尾巴。虾是游泳能手，但在水中游泳跟鱼不同。鱼摆动尾鳍就可以向前游动了，而虾没有鱼那样的尾鳍，只能用腿做长距离游泳。它们游泳时，那些小腿像木桨一样频频整齐地向后划水，身体就徐徐向前驱动了。受惊吓时，它们的腹部会敏捷地屈伸，尾部向下前方划水，从而连续向后跃动，逃避敌害的时候速度十分快捷。

小动物游乐园

在河边、小溪边郊游时，准备一个细密的网子和一个小桶，在水里捞一捞，说不定有意外的收获哦！但是一定要注意安全！

小龙虾

141

田螺, luó

蜗居的小动物 wō

别名：螺蛳

尚尚日记

　　每年 5 月之后，爸爸妈妈就带我们去河边捞小鱼、小虾、田螺等小动物。我和佩佩都是寻找田螺的高手，站在护城河边的石头台阶上，很快就能发现台阶下面浸在水中的一些田螺。离水面近的，我们就伸手去摸，隐藏得比较深的，就用网子去捞。捞的时候，用网子的边缘轻轻一磕，田螺吸在石壁上的吸盘就松动了，然后掉落在网里。我们轻轻松松地就能捞到一小桶，回家后放在小水缸里养着，一直能养到夏末秋初呢。

猜猜看田螺的血液是什么颜色的？
它的血液颜色很特殊，是白色的。 ▶

小小观察站

田螺房子的开口处有一个片状
的东西是什么？

小动物充电站

田螺是软体动物。它的外壳就是保护柔软的身体的。田螺的开口处紧贴
着一层膜片，当遇到危险或是需要休息时，就会迅速把身体收缩在螺壳里，
并通过肌肉收缩带动膜片，让膜片像门一样严严实实地堵住螺壳的出入口。

田螺喜欢吸在水边的石头缝里，很好找。
▼

bàng

河蚌，
水中的宝石

gé lì
别名：河蛤蜊、河歪、鸟贝

佩佩日记

　　我们在河边嬉戏，一会儿玩打水漂，一会儿挽起裤脚下河捉鱼，一会儿又在河滩上到处翻翻捡捡。半天的时间，我和尚尚都有了很大收获，除了捉到了 2 只小鱼、8 只小螃蟹，还捡到了 3 只河蚌。

　　回家之后，我俩把它们养起来，喂它们米饭和菜叶。可惜的是，过了一个星期，就只剩下一条小鱼、两只螃蟹了。我舍不得把死去的河蚌扔掉。尚尚说，我们用河蚌壳做手工吧，这样它们就能一直陪着我们了。我听了很高兴，马上用刷子清洗蚌壳表面，找来颜料认真地在蚌壳上面画画。等颜料晾干之后，漂亮的蚌壳工艺品就做成啦！

小小观察站

河蚌里面的珍珠是如何形成的？

河蚌的肉可以食用，也是鱼类、
禽类的天然饵料。

这是一只漂亮的海蚌。

小动物充电站

河蚌一般栖息在淤泥里，分布于江河、湖泊、水库和池塘内。它们具有左右对称的两片蚌壳。河蚌的壳能很好地保护其柔软的身体。贝壳腹面有一个斧头形状的肌肉突起，称为斧足。河蚌就是靠斧足运动的。

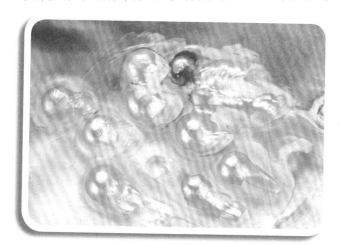

当蚌壳张开时，如果恰好有沙粒或寄生虫等异物进入，就会不断刺激到它的外套膜。它会感到不舒服，上皮组织就会赶快分泌珍珠质来把异物包围起来，形成珍珠囊，包了一层又一层，最终就形成了又圆又漂亮的珍珠。

乌龟，
慢吞吞的长寿明星

别名：金龟、草龟、泥龟

尚尚日记

　　我曾养过一只小金线龟。我叫它快快，因为它爬行的速度比我想象得快多了！我最热衷的事情就是给快快喂食。我给它准备了龟粮和小鱼。别看它不像狗那样通人性，但也能认识主人。我一靠近它，它就伸着脖子，睁着绿色的小眼睛向我索要食物。

　　平时，快快从不发出声音，可有一次我听见它发出了奇怪的叫声。妈妈说，它可能生病了。我们就在网上查资料，给它买了药，每天按时给它加药，换水，很细心地护理它。过了没多久，它就恢复了健康的活力，真为它高兴！

小小观察站

乌龟的寿命有多长？它们为什么能长寿？

尚尚，你的小乌龟怎么不吃东西了？

现在天气凉了，它准备冬眠，所以不吃东西了。

小动物充电站

　　乌龟主要栖息于江河、湖泊、水库、池塘及其他水域。白天多隐居水中。夏日炎热时，便成群地寻找阴凉处。它以蠕虫、螺类、虾及小鱼等为食，也吃植物的茎叶。乌龟四肢粗壮，它有坚硬的龟壳，头、尾和四肢都能缩进壳内。龟的自然寿命能达到 150 年之久，那是因为它们新陈代谢缓慢，能使生理节奏放慢，并且进入假死状态。

龟的壳非常坚硬，遇到危险时，脑袋、尾巴和四肢都能缩进壳内。龟壳可熬制成龟胶，是常用的中药。

野鸭，
会迁徙的鸟 ^{xǐ}

别名：大绿头、大红腿鸭、大麻鸭

佩佩日记

在美国旅游时，有一天清晨，爸爸载着我们驾驶着汽车开往另一个街区，我们看到两只大肥鸭正慢吞吞地走向马路。它们不时地环顾左右，仿佛是在观察我们的汽车是否继续前进。它们大摇大摆、慢慢悠悠的态度让我们感叹这些野鸭的胆量真大。排在我们后面的汽车也减速停了下来。

面对汽车，它们镇静自若，继续慢腾腾地走着。它们扭动着肥肥的屁股，行动速度实在是太慢了，可司机们还是很自觉地待在车里耐心地等待着它们通过。

小小观察站

野鸭是候鸟还是留鸟？它们在水中生活吗？它们的窝在哪里？

家鸭比野鸭大，不会飞。

野鸭善于在水中觅食、戏水和求偶交配。

小动物充电站

　　野鸭是多种野生鸭类的通称，最常见的绿头野鸭，喜欢群体活动。夏天，成群的野鸭栖息在水生植物繁盛的河流、湖泊和沼泽中。秋天，它们会及时换上适合飞翔的羽毛，在冬天迁徙过程中找到自己的伴侣。天暖和后，它们再到水草丰茂的地方筑巢，以便迎接鸭宝宝的出生。鸭窝的建筑材料有羽绒、干草、蒲苇的茎叶等，所以非常舒适、暖和。

小朋友，可别把它当作野鸭啊！它是真正野外生长的野鸡，又名雉鸡、七彩锦鸡。

yuān yāng
鸳鸯，
相亲相爱的夫妻鸟

别名：官鸭、匹鸟、邓木鸟

佩佩日记

　　第一次看到鸳鸯时，我以为它们是野鸭。它们身上鲜明的绿色蓝色羽毛让我觉得很惊疑，怎么有这么漂亮的鸭子？爷爷似乎看出了我的疑惑，他告诉我那不是鸭子，是一对鸳鸯。

　　爷爷说，鸳鸯总是成对生活，不像雄狮首领拥有好几只母狮，也不像猴王统治整个猴群。鸳鸯是美满婚姻的象征。它们总是出双入对，不离不弃。我想到了我的爸爸妈妈，他们也相亲相爱，我和尚尚在他们的照顾下快乐地成长，和此时水中依偎在鸳鸯爸爸妈妈身边的小宝宝一样幸福。

小小观察站

鸳鸯的雄鸟和雌鸟有什么不一样？它们总是形影不离吗？

> 鸳鸯中的雄鸟比雌鸟漂亮呢！

> 大多数雄性动物总是比雌性动物漂亮，因为雄性会依靠漂亮的外表和强健的体魄吸引雌性的注意，这样是为了繁衍后代。

小动物充电站

　　鸳鸯是一个合成词，鸳指雄鸟，鸯指雌鸟。因为人们见到的鸳鸯都是出双入对的，所以被看成爱情的象征。它们非常漂亮，但雌鸟和雄鸟不一样。雄鸟嘴红色，脚橙黄色，羽毛的颜色鲜艳而华丽，头上还有艳丽的冠羽，两只眼睛后面各有一条宽阔的白色眉纹，而翅膀上还长有一对栗黄色扇状的直立羽，像帆一样立于后背，非常奇特和醒目。相比之下，雌鸟就长得比较暗淡。雌鸟的头和整个上体都呈现灰褐色，眼睛周围是白色的，也长有细长的白色眉纹。

　　鸳鸯生性机警，很善于隐蔽。别看它们的外形像鸭子，其实它们的飞行本领很强。当它们在饱餐之后，返回栖居之处时，常常先有一对鸳鸯在栖居地的上空盘旋侦察，确认没有危险后才招呼大家一起落下歇息。如果发现危险情况，"侦察兵夫妇"就会发出"哦儿——哦儿"的警报声，然后与同伴们一起迅速逃离。

鸳鸯中的雄鸟羽毛鲜艳而华丽，雌鸟头和整个上体呈灰褐色。 ▶

lú cí

鸬鹚，

无私的捕鱼能手

别名：鱼鹰、水老鸦

尚尚日记

　　鸬鹚捕鱼表演就要开始了，只见几艘小船正在湖边做准备。船舷上，数十只鸬鹚整齐地列队，有的低头梳理着羽毛，有的和同伴窃窃私语。渔人伯伯一声口哨，鸬鹚们便一头扎进水里。一会儿工夫，好几只鸬鹚钻出了水面，个个都叼了条鱼。捕鱼时，鸬鹚的脖子上，通常都会被套上一根皮条，以防它们私吞大鱼。据说在遇到大鱼时，几只鸬鹚会合力捕捉。它们有的啄鱼眼，
有的咬鱼尾、有的叼鱼鳍，配合得非常默契。这次鸬鹚捕鱼表演真让我大开眼界！

南方水乡，渔民外出捕鱼时常带上驯化好的鸬鹚。由于带着脖套，鸬鹚捕到鱼却无法咽下去，它们只好叼着鱼返回船边。主人把鱼夺下后，鸬鹚又再次潜下水去捕鱼。待捕鱼结束后，主人会摘下脖套，把小鱼赏给它们吃。

小小观察站

鸬鹚为什么擅长捕鱼？渔民伯伯如何让鸬鹚来帮助自己捕鱼？

小动物充电站

鸬鹚身体比鸭狭长，体羽为金属黑色，善于潜水捕鱼，飞行时直线前进，我国南方多饲养来帮助捕鱼。它的嘴不仅长，而且前面弯弯的像钩子。它冲进水里，很快就能抓到鱼。水下比较昏暗，一般看不清猎物，但是它有绝招，就是发达的听力。它借助敏锐的听觉，感知鱼在水中的动向，百发百中。捕到猎物后，它一定要浮出水面吞咽，而不会在水下偷吃。

◀ 鸬鹚有又长又大的钩形嘴巴。

天鹅，
相互扶持的好夫妻

别名：鹄 (hú)

佩佩日记

　　两只美丽的白天鹅在湖面上娴静地、慢慢地游动着。平静的湖面像一面明亮的大镜子，倒映出它们那高雅的身影。我觉得它们就像一对舞蹈演员在跳双人舞，芭蕾舞演员轻盈地舞动着柔美的身体，和眼前优雅的天鹅如出一辙。它们在低垂的杨柳、和煦 (xù) 的暖阳下缓缓穿行，我如痴如醉地远远注目，舍不得移开视线。

黑天鹅和宝宝们。

小小观察站

天鹅的脖子是不是很柔美？小朋友，你能用两只手臂模仿天鹅的脖子吗？

你知道鸿鹄之志中的鸿鹄指什么吗？

你的问题难不住我，鸿指大雁，鹄指天鹅，它们都指志向远大的人。

小动物充电站

天鹅喜欢群栖在湖泊和沼泽地带，主要以水生植物为食，也吃螺类和其他软体动物。它们保持着终身伴侣制，不论是取食或休息都成双成对，相亲相爱，体贴地互相梳理羽毛。如果一只死亡，另一只则终生单独生活。雌天鹅在产卵时，雄天鹅在旁边守护着。遇到敌害时，雄天鹅就拍打翅膀上前迎敌，勇敢的与对方搏斗。它们对后代也十分负责，为了保卫自己的巢、卵和幼雏，敢与狐狸等动物殊死搏斗。

跟天鹅一样，丹顶鹤也是一种非常优雅的鸟类，传说中的仙鹤就是指它们。

Part 5

本领各异的小动物明星

　　谁说小就不起眼，有些小动物拥有明星具备的一切：华丽的外表，洪亮的嗓音，令人称奇的绝技……空中、水中、树上、草丛、石缝、土中，只要你细心观察，处处都是它们的舞台。带着好奇心去欣赏吧，它们一定会让我们大开眼界！

蜗牛,
wō

"牙齿"最多的动物

别名：水牛儿

尚尚日记

　　"水牛儿，水牛儿，先出犄角后出头，你爹你妈，给你买下烧肝儿烧羊肉，你不吃也不喝，猫儿叼走……"生长在胡同里的我，从小就听奶奶唱这首歌谣，每当夏天雨后，我就缠着奶奶带我们去抓水牛儿。

　　水牛儿就是蜗牛。很快，我们就在路面上、墙上、树干上、树枝上发现了很多蜗牛。它们或背着房子缓慢地前行，或伸长脖子东张西望。我捉到几只特别大的。它们受到惊吓后都缩回壳里不敢出来，过好一阵才肯探出犄角，把头伸出来看看，企图在没人理会的时候趁机溜走吧。

小小观察站

蜗牛走过的地方为什么留下一些亮晶晶的液体？蜗牛吃什么？

◀ 蜗牛会藏在植物丛中躲避太阳直晒。在比较潮湿的地方能找到它。

小动物充电站

蜗牛可是世界上牙齿最多的动物呢！在蜗牛的小触角中间往下一点儿的地方有一个小洞，那就是它的嘴巴，里面有一条锯齿状的舌头（齿舌）。虽然它的嘴只有针尖差不多大小，但是却有 26 000 多颗牙齿！

蜗牛头上长有 4 个触角，在缓缓走动时会把头长长地伸出壳外，一边走一边摇头晃脑地用触角探路。一旦受到惊吓就会头尾一起迅速缩进甲壳里。在蜗牛爬过的地方会有一条亮晶晶的路线，那是它分泌的黏液。黏液可以降低摩擦力以帮助其行走，还可以防止蚂蚁等昆虫的侵害。

小动物游乐园

对小朋友们来说，在夏天雨后抓蜗牛是一件非常有趣的事。当用手轻轻碰它的触角时，它就会缩进壳中。过一会儿，当它认为安全后，触角就会缓缓地伸出来，是不是很好玩呢！

人们经常用蜗牛来比喻一个人动作迟缓。小朋友，如果你平时做事很磨蹭，别人可能会说你："真像一只小蜗牛哦！" ▶

马陆，
脚最多却爬行很慢

别名：千足虫、千脚虫

尚尚日记

秋游的时候，我在落叶堆里发现一只又长又黑的虫子。我说是马陆，可同学说，马陆没有那么长，直到老师过来之后谜才揭开。老师说，马陆的长度从几厘米到二十几厘米不等，生活在山里的马陆要比城市里的大很多。

有个同学用一根树枝碰了碰它，它马上就把身体蜷起来，我们还闻到一股腥臭气。老师说，这是它的自我保护措施，有了这种臭气，鸟类就不会吃它了。老师还提醒我们不要沾上它的臭液，否则会导致皮肤病。所以我们观察一番之后，就去别处探险，不再打扰它的清静了。

这种身体黝黑光亮的马陆也很常见。

马陆受到触碰时，会将身体蜷曲成圆形，装死。

小小观察站

马陆被碰到时，为什么会蜷成圆形？

马陆和蜈蚣很像啊，它们也有毒吗？

马陆没有毒颚，但体节上有臭腺，能分泌一种有毒臭液。

小动物充电站

　　马陆也叫千足虫、千脚虫，但却没有 1 000 只脚。它的脚不到 300 对，但这已经是一个不少的数目了。它们行走时左右两侧足同时行动，前后足依次前进，密接成波浪式运动，很有节奏。它虽然足很多，但行动却很迟缓。它不咬人，也没有毒颚，但体节上有臭腺能分泌一种有毒臭液，气味难闻，这样家禽或者鸟类就不敢啄它了。

　　它平时喜欢成群的活动，一般生活在阴暗潮湿的地方，如枯枝落叶堆中或瓦砾石块下，专吃落叶、腐殖质；也有少数种类吃植物的幼芽、嫩根，是农业害虫。

虎甲，
陆地上跑得最快的生物

别名：拦路虎、引路虫

尚尚日记

　　表哥用一个方形的塑料缸养了一对虎甲，里面铺着沙土。虎甲的口粮是蚂蚁等小昆虫。我观察到虎甲幼虫会打洞，然后它就在洞口等待猎物。喂食的时候，我就让活的小昆虫自己爬到幼虫洞口，幼虫就从洞中蹿出将猎物拖入洞中大吃了。

　　表哥说如果幼虫用土封住洞口，就表示它要化蛹了，只要不去打扰它，保证垫沙湿润，3 个星期成虫就会从土里钻出来。表哥观察得可真细致啊！

小小观察站

虎甲为什么要打洞？

提示：虎甲打洞是为了取食、生存或繁衍后代。

虎甲可能是世界上奔跑速度最快的昆虫。它 1 秒可以跳到比自己身体体长 171 倍的地方，比猎豹的速度还快。 ◀

小动物充电站

　　虎甲经常在山区道路上活动，能低飞抓小虫子吃。有时候它在路面上待着，当人走来时，它总是距行人前面三五米，头朝行人。当行人走近它时，它又低飞后退，仍然头朝行人，好像在跟人闹着玩。所以它又叫拦路虎和引路虫。

　　虎甲的幼虫深居在垂直的洞穴中，常在穴口等候猎物。猎物通常包括昆虫和蜘蛛。幼虫的肚子上有一对钩，勾着穴壁，避免因捕获物挣扎而被拉出洞外。它用镰刀状上颚捕捉住猎物，把猎物拖到穴底食用。被人捉住时，虎甲会用长颚狠咬。被它咬一口很疼，所以如果抓它一定要小心。

小动物游乐园

　　试试能不能抓住这个爱开玩笑的小昆虫吧！在野外路边找到虎甲幼虫的洞穴，用一根草，伸进洞内。等幼虫以为是猎物，抱住草后，快速抽出，就能成功地钓到虎甲幼虫啦。

蜻蜓，
眼睛最多的昆虫

别名：点灯儿、蚂螂、纱羊

佩佩日记

我和尚尚费尽千辛万苦，抓了一只蜻蜓，打算把它养在家里吃蚊子。当我们兴致勃勃地告诉妈妈时，却遭到了妈妈的批评。妈妈说，蜻蜓是益虫，是人类的好朋友，我们不应该去伤害它。听了妈妈的话，我们低下了头。妈妈说得有道理，或许这个时候蜻蜓宝宝正在家里等蜻蜓妈妈回家呢。于是，我们把蜻蜓放回了天空。看着美丽的蜻蜓在天空中自由自在地飞翔，我们一点也不觉得遗憾，因为小蜻蜓又可以见到它的妈妈了。

小小观察站

蜻蜓在下雨前为什么飞得很低？"蜻蜓点水"是在做什么？

小动物充电站

蜻蜓的头部最有特色的就是那一对鼓出来的复眼。它的复眼占据着头的绝大部分，由 28 000 多只小眼组成，所以视力极好，不需要转头就能向上、向下、向前、向后看。此外，它们的复眼还能准确地目测速度。当物体在复眼前移动时，每一个小眼依次产生反应，经过加工就能确定出目标物体的运动速度。这使得它们成为昆虫界的捕虫高手。它们能捕食大量蚊子、苍蝇等害虫，是昆虫界的"战斗机"。

下雨前，蜻蜓会在低空飞。那是由于下雨前空气湿度很大，潮湿的水气会把它们的翅膀沾湿，导致它们的身体变重，如果飞高了，呼吸会困难，为了生存它们只好低飞。

▲

小朋友，你知道吗，蜻蜓是世界上眼睛最多的昆虫。

▲

"蜻蜓点水"就是蜻蜓在产卵，卵直接产入水中或产在水草上。

蝗虫，
飞行能力最强的昆虫

别名：蚂蚱 (mǎ zha)

佩佩日记

秋游的时候，班上举行了一次别开生面的捉虫比赛。只听一声哨响，比赛开始了。同学们或用手抓，或用自制的网子和其他工具捕，有的猫着腰，有的踮着脚，有的伸着胳膊，好不热闹！

我的目标是一只黄褐色的蚂蚱。它正若无其事地趴在草丛中，哈哈，它还不知很快就要成为我的囊中之物了！经过慎重思考，我决定从它的正上方下手。我先蹑手蹑脚地接近，然后从上至下猛地用手一扣。果然，还没等它明白是怎么回事，就被我扣在下面了。我把它放进小笼子里，它的触角不停地上下摆动，似乎在向我求饶。这个大俘虏最终为我的比赛加了不少分呢！

蝗虫的头部除有触角外，还有一对复眼。

蝗虫有绿色的，也有棕色的。它们的颜色和品种没有关系，而取决于生活在什么环境中，因为颜色就是它们的保护色。

小小观察站

蝗虫都是绿色的吗？它能跳多远？成群结队的蝗虫有多大破坏力？

这么小的蝗虫怎么能破坏庄稼呢？

它们聚集在一起能吃掉成片的庄稼，人们把蝗虫与洪水、干旱相提并论，称为蝗灾。

小动物充电站

蝗虫是主要的农业害虫之一。它有适合飞行的超薄翅膀，又有适合跳跃的强壮后腿。它的一次蹦跳距离可以超过身体好几十倍。它们还具有惊人的飞翔能力，可连续飞行 1~3 天。蝗虫飞过时，群蝗振翅的声音响得惊人，就像海洋中的暴风呼啸。巨大的蝗虫群一夜之间可以飞越几百千米的区域，啃光百万亩小麦和牧草等植物。因为蝗虫是庄稼的害虫，所以常用它们来比喻那些不劳而获、坐享其成的人。

小动物游乐园

钓蝗虫是件很有趣的事，就像钓鱼一样，把手指大小的一块木块涂成黑色，作为诱饵绑在钓竿的末端，伸到雄蝗虫附近，它就会主动跳上木块。只有雄蝗虫才会上钩哦，因为它们以为那块黑色木块是食物或者雌性同伴呢！

独角仙，
温和的大力士

别名：兜虫

尚尚日记

　　我的宠物独角仙最小的时候是一只白白胖胖的蠕虫，生活在腐叶土中，那时候佩佩常说看到它就害怕。不久，它变成蛹了，金灿灿的，但能看得出独角仙的形状。当它很快变成漂亮的独角仙时，我就喂它苹果、荔枝、梨等水果吃。佩佩也不再害怕，有时候还帮我照顾它。它虽然有那么厉害的犀牛角，但当我把它放在手心里的时候却很温和。好多小朋友都喜欢看《铠甲勇士》，而它就是我的铠甲勇士。有这么威风的宠物，我心里有说不出的自豪。

小小观察站

独角仙的角是做什么用的？它的力气有多大？

小动物充电站

独角仙的体型大，是犀牛角昆虫家族中体型最大的种类。它看起来很威武，尤其是雄性独角仙，头部长着一只突出的犀牛角，让人望而生畏。不过，这种犀牛角并不起抵御作用，而是在进食时与同伴进行争斗。当把独角仙放置在手里时，外表强悍凶残的它其实表现得非常平静而温顺。

独角仙和蚂蚁一样，也是出了名的大力士。科学研究结果表明，独角仙被证实能够承受自己体重100倍的物体，爬行时可承受30倍重量的物体。

小动物游乐园

独角仙力大无穷，能够拉动比自己身体重许多倍的物品。不仅如此，身着坚硬笨重装甲的独角仙还能带着沉重的物品振翅起飞呢！我们可以玩个独角仙拉车的游戏：将绳子的一头套在它的角上，另一头套一个小玩具车，看它能拉多远。

kē
磕头虫，
不用足却能弹跳很高

别名：跳搏虫、膈膊虫、跳米虫

佩佩日记

尚尚抓住了一只磕头虫，像得到了一个宝贝似的，不停地给我演示它的神奇之处。他用拇指和食指捏住磕头虫，有趣的事情发生了，只见那黑色甲虫先弯下前胸，把脑袋低垂，然后又突然挺直胸脯、抬起脑袋，同时发出"啪啪"的声音，就好像在不停地叩头，样子很滑稽。磕头虫的这个特性被聪明的小孩发现，于是它就成为大家的玩伴了，很好玩。

小小观察站

磕头虫有几条腿？它的跳高动作是靠腿完成的吗？

爷爷快看，这个虫子不停地磕头，真有意思！

它是磕头虫。它跳高的方式与众不同，因为它根本不用脚跳！

小动物充电站

　　磕头虫吃庄稼的种子、根和茎，是十足的害虫。它之所以要磕头，是摔倒后翻身逃走的一个动作，是保护自己免遭敌害的本能反应。假如磕头虫仰面摔倒，它就会把头向后仰，前胸和中胸折成一个角度，然后猛地一缩，"扑"地一声打在地面上，弹起来，在空中来个后滚翻，再落在地面上时，身子就正过来了，就像一个杂技演员。有些磕头虫还能够像萤火虫那样发光。它们发出的光有红有绿，有些还很亮呢！

小动物游乐园

　　当磕头虫被人捏在手中想要逃走但又无法得逞时，只要你一直抓着它，它便会一直磕头下去。样子滑稽，让人忍俊不禁，要不然它怎么叫"磕头虫"呢！

磕头虫是一种会装死的昆虫。当它遇到危险时就会躺倒一动不动，想逃跑时便会一弹而起。

竹节虫，
高超的隐身术

别名：麦秆虫

佩佩日记

　　竹节虫的四肢就像竹子，体节很分明。它们有的是枯黄色的，有的则是碧绿色的。我猜想枯黄色的一定是在干树木上生活，碧绿色的肯定是生活在绿色的植物中间。它们不仅把自己的身体伪装成树枝，就连颜色都跟周围的植物一模一样，要想发现它们真不容易啊！

　　有些竹节虫还有翅膀。翅膀的色彩异常亮丽。当它受到侵犯飞起时，突然闪动的彩光会迷惑敌人。这种彩光只是一闪而过，当竹节虫着地，收起翅膀时，就突然消失了。这被称为闪色法，是许多昆虫逃跑时使用的一种方法。

竹节虫多为绿色或枯黄色，跟所栖息环境中的植物的形状、颜色相似。双重伪装，有助于它们逃避天敌的侵害。

竹节虫有一手绝招：只要树枝稍被振动，便坠落在草丛中，收拢胸足，一动不动地装死，然后伺机偷偷溜之大吉。

小小观察站

竹节虫除了长得像树枝以外，还有哪些逃生本领？

小动物充电站

竹节虫是很高明的隐身大师，连它的天敌也往往发现不了它。它们爬行在植物上时，能以自身的体形与植物形状相吻合，装扮成被模仿的植物的样子，如果它静静地待在树枝上一动不动，不仔细辨认，真的很难发现它的存在。

同时，为了让自己能够更完美地融入到周围的环境中，竹节虫还能根据光线、湿度、温度的差异改变身体的颜色。竹节虫这种以假乱真的本领和枯叶蝶有异曲同工之妙。这种保护自己的方式在生物学上被称为拟态。

除竹节虫外，还有善于伪装的枯叶蝶。它的翅膀像枯叶吗？

蚕，
到死丝方尽

别名：家蚕

佩佩日记

妈妈送了我一份特别的礼物。我打开盒子一看，原来是4条小小的、黑黑的蚕宝宝，像小蚂蚁似的。据说这是蚕宝宝特别小的时候，叫蚁蚕。于是，我每天负责摘桑叶喂它们。蚕宝宝的食量真大啊，几乎是昼夜不停地吃啊吃，吃得又白又胖的。我开心极啦。过了一些日子，我发现它们开始吐丝了。慢慢地，蚕宝宝钻进了"白房子"；又过了几天，它们纷纷从"白房子"里钻出来，变成了毛乎乎的蚕蛾。看到它们的成长、蜕变，我心中充满了成就感。

蚕的一生分为 4 个阶段：
卵—幼虫—蛹—成虫。▶

小小观察站

蚕宝宝为什么会吐丝？它们吐完丝后去做什么？

小动物充电站

蚕宝宝是"大胃王"，有很强的食欲，可以昼夜不停地吃桑叶，所以生长得非常快。有个词叫作蚕食，正是描述蚕一点点吃桑叶的状态。虽然看起来吃得少，但它们吃得快、吃得多。

小动物游乐园

养蚕很好玩！当蚕还只是黑色的小蚕卵时，把它们放在小纸盒里，放在大概 20 摄氏度左右的地方。

小蚕宝宝出生后，可以给它们吃很嫩的桑叶芽。这时，要注意桑叶上的水一定要用抹布擦干，否则小蚕宝宝吃了会生病的。

黑色的小蚕宝宝经过几次蜕皮后就会变得白白胖胖的了，同时食量也增大了。当某一天你发现蚕宝宝不爱吃东西，同时粪便也从墨绿色变成青绿色时，就说明它们要开始吐丝结成蚕茧啦！这时，你可以把要吐丝的蚕宝宝放在一个盒子里，不要频繁地去揭开盖子，耐心等待它变成蚕茧，再化成蚕蛹。

当蚕宝宝变成蚕蛹后会待在蚕茧里面慢慢变化。大概十几天后，它就会变成飞蛾咬破蚕茧飞出来啦。

yíng
萤火虫，
童话王国的使者

别名：火炎虫、夜火虫、流萤

尚尚日记

chē yìn náng yíng

　　有一个成语故事叫"车 胤 囊 萤"。说是在晋朝时有个叫车胤的孩子，虽然家庭贫困，但却酷爱学习。每到夏天，为了省下点灯的油钱，他就捕捉许多萤火虫放在多孔的口袋里来为自己照亮，在几十只萤火虫发出的亮光下坚持看书。最后官拜吏部尚书，成为了一位有大学问的人。

　　我对这个典故非常好奇，一直想捉一些萤火虫装在玻璃瓶里看看它们的光到底有多亮。可惜没有发现萤火虫的踪影。爷爷说环境越来越差，萤火虫也不像以前常见了。唉！真希望我们每个人都从自己做起，好好保护环境，希望在不久的将来我们能亲眼看到萤火虫在院子里、在树林里闪烁着点点荧光自由飞舞。

萤火虫身上有专门的发光细胞，在它们的腹下部有很多白色斑块，其实就是它的壳甲中对光透明的部分。在内部有一块白色的膜，可以反射光，白天这个部位呈现白色。

小小观察站

萤火虫的头有多大？身体的哪个部位发光？

提示：头狭小，前胸背板平坦，常盖住头部。

小动物充电站

萤火虫是一种神奇的昆虫，它的卵、幼虫和蛹也都能发光。它的腹部下方能发出黄绿色光，可以通过"亮—灭—亮—灭"的"灯语"来交流信息。萤火虫既然能发光，会被自己的"灯光"灼伤吗？不会！因为它发出的光属于冷光，发光反应中释放的能量几乎全部以光的形式释放了，只有极少部分以热的形式释放。

小动物游乐园

夏天，可以用纱布网兜兜捕夜间在低空飞翔的萤火虫。对于停息在草丛中或树枝上的萤火虫，可以用瓶口较大的玻璃瓶，靠近后把瓶口对准它，轻轻把它抹进瓶里。萤火虫身体娇弱，小心别把它们捏伤。对它研究完毕，请把它放回大自然。

萤火虫体型不大，长而扁平，体壁与鞘翅柔软。

把几只萤火虫聚在一起能当蜡烛用吗？夜晚在草丛中捕捉几只萤火虫试一试它的光亮不亮。

zàng
埋葬虫，
有奉献精神的甲虫

别名：葬甲、锤甲虫

尚尚日记

　　我在草地上发现了一只虫子，赶忙叫表哥过来帮忙。表哥大声叫："别动它！"然后就跑到一旁去找什么东西了。我很担心它跑掉，赶紧用手一把捂住它。可就在这时，一股黏糊糊的黑色液体喷到了我手上，臭得要命。我恶心得都快吐了！这时，表哥拿着几片叶子过来，见我一脸难过的样子，就知道我被那虫子捉弄了。

　　我赶紧去洗手，表哥说这是埋葬虫。它的身上很臭，受到骚扰会散发出浓烈恶心的尸臭味。整整一天，我的手都有那种挥之不去的臭味，尤其是捧着我最爱吃的烤红薯时，哪里还有烤红薯的香味呢。

埋葬虫以动物的尸体为食。我们可以在野外的
垃圾堆和臭水沟附近发现它们的身影。

埋葬虫的鞘翅基部和端部有黄色波
状带两条！身体扁平而柔软。

小小观察站

埋葬虫的触角是什么样的？小朋友，你
知道它是怎么埋葬动物尸体的吗？

埋葬虫这个名字
好恐怖啊！

不要被它的名字吓
倒了，它可是大自
然的清洁工哦！

小动物充电站

埋葬虫头上像短棍一样的触角，是用来循味找寻食物的嗅觉器官的。在
处理动物尸体的时候，常常许多只埋葬虫聚集在一起，大家一起不停地挖掘
尸体下面的土地，最后自然而然地就把尸体埋葬在地下，所以它们才得到埋
葬虫这个名副其实的名字。

埋葬虫的爸爸妈妈一起齐心协力为幼虫宝宝储备食物。无论是埋葬虫爸
爸还是妈妈正在劳动，另一个伴侣就会自发地加入，虽然它们有时也会离开
工作区域到隐蔽的地方稍事休息，但用不了多久就会回来继续工作。它们真
是昆虫界一对热爱孩子的父母啊！

xī yì
蜥蜴，
会变颜色的魔术师

别名：变色龙、大四脚蛇

佩佩日记

蜥蜴又叫大四脚蛇，不仅名字听起来吓人，而且长得也很可怕。它与蛇有着密切的亲缘关系。和蛇一样，它周身也覆盖着由表皮衍生的角质鳞片。蜥蜴的眼睛最引人注目，黑溜溜的，有时还会睁一只眼闭一只眼。它的嘴巴扁扁的，一颗颗牙齿整齐地排列着，像一位位小士兵保卫着小嘴巴。它的四肢可灵活了，长长的爪子最喜欢黏人，碰到东西，就会牢牢抓住。最特殊的就是蜥蜴的尾巴，上粗下细，犹如一条鞭子，又威风又可爱！瞧，现在它正隔着笼子，美滋滋地晒太阳呢！

蜥蜴是和恐龙生活在同一时期的爬行动物，是名副其实的活化石！

变色龙和蜥蜴很像。它们是用舌头捕捉食物。舌头可以伸长到它自己身长的一倍半。

小小观察站

蜥蜴为什么会变颜色？

小动物充电站

　　蜥蜴这种古老的动物还有许多哺乳动物所不具备的本领，像断尾自救、变换保护色等。其中，变换保护色是最让人惊叹的绝技。原来，在蜥蜴的表皮上有一个变幻无穷的"色彩仓库"。这个仓库里贮藏着绿、红、蓝、紫、黄、黑等各种细胞，而它们能够通过神经调节来调动这些色素细胞，一旦周围的光线、湿度和温度发生了变化，或者让蜥蜴受到化学药品的刺激，有些色素细胞便会增大，而其他一些色素细胞就相应缩小，于是，蜥蜴就像一个神奇的魔术师，就能随心所欲地变换身体上的颜色了。

被称为"火蜥蜴"的 蝾 螈（róng yuán），是有尾两栖动物，体形和蜥蜴相似，但体表没有鳞。

大自然
启蒙教育书系

我们要解放小孩子的空间，让他们去接触大自然中的花草、树木、青山、绿水、日月、星辰以及大社会中之士，农、工、商，三教九流，自由的对宇宙发问，与万物为友，并且向中外古今三百六十行学习。

——陶行知